# FÍSICA Y QUÍ
# 4º ESO

**Jaime Ruiz-Mateos**

# Índice

### Prólogo

Este es un libro de texto completo de Física y Química de 4º ESO. Es un texto actualizado. Su reducido tamaño no debe llevar a engaño: se ha prescindido de lo superfluo y de las repeticiones excesivas, se han evitado los rodeos y se ha ido directamente al grano. El resultado es una obra somera pero exhaustiva y con rigor científico.

### Contacto

\* Página web: para ver otros títulos de la colección:

## librosdefq.com

\* Correo electrónico de contacto: para hacer sugerencias e informar sobre errores:

## librosdefq@gmail.com

\* Canal de experimentos de Youtube en español:

## EXPERIMENTOS DE FÍSICA Y QUÍMICA
Subscríbase.

\* Canal de experimentos de Youtube en inglés:

## PHYSICS AND CHEMISTRY EXPERIMENTS
Subscribe.

\* Amazon: para hacer valoraciones y comentarios sobre esta obra, a ser posible, positivos:

## Amazon.es

Gracias.

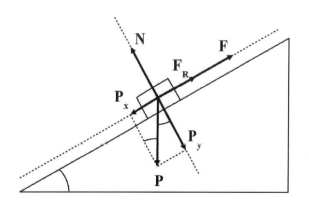

# FÍSICA

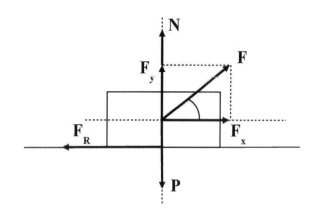

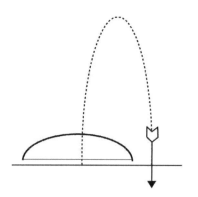

# TEMA 1: CINEMÁTICA

**Esquema**

1. Conceptos previos.
2. M.R.U. (movimiento rectilíneo uniforme).
3. Movimientos acelerados.
4. Movimientos verticales.
5. Gráficas.
   - 5.1. Introducción matemática.
   - 5.2. Tipos de gráficas de movimiento.
   - 5.3. Dibujo de gráficas.
   - 5.4. Determinación de la ecuación.
   - 5.5. Cálculos a partir de gráficas.
6. M.C.U. (movimiento circular uniforme).

## 1. Conceptos previos

- Mecánica: rama de la Física que estudia el movimiento. La Mecánica se divide en:

$$\text{Mecánica} \begin{cases} \text{Cinemática} \\ \text{Dinámica} \end{cases}$$

- Cinemática: rama de la Mecánica que estudia el movimiento sin tener en cuenta las fuerzas que lo producen.
- Dinámica: rama de la Mecánica que estudia el movimiento teniendo en cuenta las fuerzas que lo producen.
- Móvil: cuerpo que está en movimiento.
- Movimiento: cambio en la posición de un móvil a medida que pasa el tiempo.
- Sistema de referencia: sistema con respecto al cual se mide el movimiento de un móvil: son los ejes X e Y.

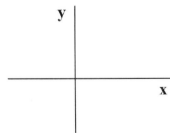

- Posición, s: distancia de un punto al origen medido sobre la trayectoria. A un tiempo $t_1$ le corresponde una posición $s_1$, a un tiempo $t_2$ una posición $s_2$, etc.

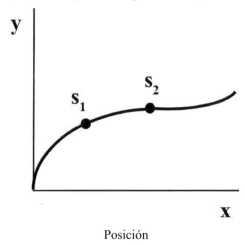

Posición

- Espacio recorrido, e: longitud recorrida por el móvil en un intervalo de tiempo.

$$e = s_2 - s_1 = \Delta s$$

Espacio recorrido

siendo:          $\Delta s$: incremento de s. (m)

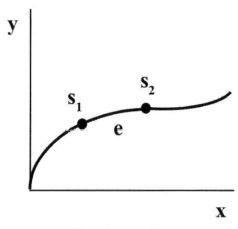

Espacio recorrido

- Ecuación del movimiento: fórmula en la que aparece la posición, s, en función del tiempo, t.

Ejemplo: $s = 3 \cdot t + 2$.

- Velocidad, v: magnitud que mide el cambio de espacio recorrido por unidad de tiempo.
- Aceleración, a: magnitud que mide el cambio de velocidad por unidad de tiempo.

- Trayectoria: línea que describe un cuerpo en movimiento. Puede ser real o imaginaria.

Ejemplo: el humo de un avión es una trayectoria real. El movimiento de una mano en el aire es una trayectoria imaginaria.

Los movimientos se clasifican según su trayectoria en rectilíneos y curvilíneos:

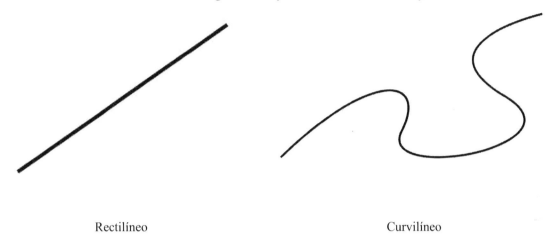

Rectilíneo                                        Curvilíneo

- Velocidad instantánea, v: aquella que tiene el móvil en un tiempo determinado, t. En un coche, la velocidad instantánea es la que indica el velocímetro.
- Velocidad media, $v_m$: aquella que tiene un móvil en un intervalo de tiempo, $\Delta t$, (incremento de t).

$$v_m = \frac{\Delta s}{\Delta t}$$

Velocidad media

O bien, de forma más sencilla:

$$v_m = \frac{e}{t}$$

Velocidad media

siendo:        $v_m$: velocidad media  (m/s o km/h)
               e: espacio recorrido   (m o km)
               t: tiempo (s o h)

De esta ecuación se obtienen otras dos:

$$e = v \cdot t$$

$$t = \frac{e}{v}$$

Espacio recorrido

Tiempo

Para transformar unidades, se utilizan factores de conversión.

Ejemplo: demuestra que para pasar de km/h a m/s, hay que dividir por 3'6.

$$1 \ \frac{km}{h} - 1 \ \frac{km}{h} \cdot \frac{1000 \, m}{1 \, km} \cdot \frac{1 \, h}{3600 \, s} = \frac{1 \cdot 1000}{3600} = \frac{\frac{1000}{1000}}{\frac{3600}{1000}} = \frac{1}{3'6}$$

Para pasar de m/s a km/h, hay que multiplicar por 3'6.

Ejemplo: la distancia entre dos ciudades es 20 km. Un coche tarda un cuarto de hora en ir de la una a la otra. ¿Cuál ha sido su velocidad media?
Podríamos trabajar en m/s, pero no es necesario en este problema:

$$v_m = \frac{e}{t} = \frac{20 \, km}{\frac{1}{4} \, h} = 80 \ \frac{km}{h}$$

---

Ejercicio 1: en una carretera, un coche tarda 20 s en pasar por dos puntos kilométricos consecutivos. Calcula su velocidad media en m/s y en km/h. Solución: 50 m/s, 180 km/h.

---

- Aceleración instantánea, a: aquella que tiene el móvil en un tiempo t.
- Aceleración media, $a_m$: aquella que tiene el móvil en un intervalo de tiempo, $\Delta t$.

$$a_m = \frac{\Delta v}{\Delta t} = \frac{v - v_0}{t - t_0}$$

Aceleración media

siendo:  $a_m$: aceleración media. $(m/s^2)$
$\Delta v$ : incremento de la velocidad. (m/s)
$\Delta t$: incremento de tiempo. (s)
$v_0$: velocidad inicial. (m/s)
$v$: velocidad final. (m/s)
$t_0$: tiempo inicial. (s)
$t$: tiempo final. (s)

Ejemplo: 3 m/s² significa que:

| Para t = 0 | Para t = 1 s | Para t = 2 s | Para t = 3 s |
|---|---|---|---|
| v = 0 | v = 3 m/s | v = 6 m/s | v = 9 m/s |

Ejemplo: un tren pasa de 10 m/s a 20 m/s en medio minuto. ¿Cuál es su aceleración media?

$$a_m = \frac{\Delta v}{\Delta t} = \frac{v - v_0}{t - t_0} = \frac{20 - 10}{30} = \frac{10}{30} = 0'333 \ \frac{m}{s^2}$$

Ejercicio 2: un coche va por la carretera a 100 km/ h. Acelera y alcanza 120 km/ h en 10 s. Calcula su aceleración media. Solución: 0'556 m/s².

Ejercicio 3: ¿cuál de estas aceleraciones es mayor: 0'5 km/min² ó 20 km/h²? Sol. La 1ª.

## 2. M.R.U. (movimiento rectilíneo uniforme)

Para este movimiento: v = constante y a = 0.
La velocidad es constante y la trayectoria es recta. La velocidad media y la instantánea son iguales.

$$v = v_m = \frac{e}{t}$$    $$e = v \cdot t$$    $$t = \frac{e}{v}$$

Velocidad          Espacio recorrido          Tiempo

Ejemplo: dos coches salen en sentidos opuestos y al mismo tiempo desde dos ciudades separadas 40 km. El primero, el A, va a 100 km/h y el segundo, el B, a 80 km/h. ¿Dónde y cuándo se encontrarán?

A                                    B

Llamemos x a la distancia que recorre el coche A. La distancia que recorre el coche B será: 40 – x . Aplicamos esta ecuación: e = v·t para cada coche:
Coche A:  x = 100·t  ;  Coche B:    40 – x = 80·t

Resolviendo el sistema:

$$40 - 100 \cdot t = 80 \cdot t \quad \rightarrow \quad 40 = 180 \cdot t \quad \rightarrow \quad t = \frac{40}{180} = 0'222 \text{ h}$$

$$x = 100 \cdot t = 100 \cdot 0'222 = 22'2 \text{ km}$$

> Ejercicio 4: averigua dónde y cuándo se encontrarán los coches del ejemplo anterior si los dos van en el mismo sentido, hacia la derecha. Solución: 2 h, 160 km, 200 km.

> Ejercicio 5: un cuerpo se mueve a 100 km/h. Calcula el tiempo necesario para recorrer 50 m. Solución: 1'8 s.

## 3. Movimientos acelerados

Para este movimiento: a = constante y v = variable.
La trayectoria es recta y la aceleración constante. Hay dos tipos:

Movimientos acelerados
$\begin{cases} \text{MRUA: la velocidad aumenta con el tiempo.} \\ \\ \text{MRUR: la velocidad disminuye con el tiempo, está frenando.} \end{cases}$

Las ecuaciones de este movimiento son:

$$a = a_m = \frac{\Delta v}{\Delta t} = \frac{v - v_0}{t - t_0}$$

Aceleración

$$e = v_0 \cdot t \pm \frac{1}{2} a \cdot t^2$$

Espacio recorrido

$$v = v_0 \pm a \cdot t$$

Velocidad en función del tiempo

$$v^2 = v_0^2 \pm 2 \cdot a \cdot e$$

Velocidad en función del espacio

El signo + es para el MRUA y el – para el MRUR. En las fórmulas anteriores, la aceleración tiene que ser siempre positiva, aunque sea un MRUR. El MRUR también se llama movimiento desacelerado.

Ejemplo: un cuerpo se mueve a 50 km/h y pasa a 70 km/h en 5 s.

Calcula: a) Su aceleración. b) El espacio recorrido en 5 s.

Se trata de un MRUA.

$$v_0 = 50 \ \frac{km}{h} = \frac{50}{3'6} = 13'9 \ \frac{m}{s} \quad ; \quad v = 70 \ \frac{km}{h} = \frac{70}{3'6} = 19'4 \ \frac{m}{s}$$

a) $\quad a = \dfrac{v - v_0}{t - t_0} = \dfrac{19'4 - 13'9}{5} = \dfrac{5'5}{5} = 1'1 \ \dfrac{m}{s^2}$

b) $\quad e = v_0 \cdot t + \dfrac{1}{2} \cdot a \cdot t^2 = 13'9 \cdot 5 + \dfrac{1}{2} \cdot 1'1 \cdot 5^2 = 69'5 + 13'7 = 83'3 \text{ m}$

---

Ejercicio 6: un cuerpo parte del reposo y tiene una aceleración de 2 m/s². Calcula: a) El espacio recorrido en 10 s.  b) La velocidad a los 10 s. c) El tiempo necesario para recorrer 100 m. Solución: a) 100 m. b) 20 m/s. c) 10 s.

---

Ejercicio 7: un cuerpo está inicialmente en reposo y recorre 100 m en 12 s. Calcula: a) Su aceleración. b) La velocidad a los 5 s. Solución: a) 1'39 m/s². b) 6'95 m/s.

---

Ejercicio 8: un cuerpo se mueve a 80 km/h y frena en 50 m. Calcula: a) La aceleración de frenado. b) La velocidad a los 3 s. Solución: a) 4'93 m/s². b) 7'43 m/s.

---

Ejercicio 9: un cuerpo se mueve a 100 km/h. Si frena en 8 s, calcula: a) La aceleración de frenado. b) El espacio recorrido hasta detenerse. Solución: a) 3'47 m/s². b) 111 m.

## 4. Movimientos verticales

Cuando un cuerpo se deja caer, o se lanza hacia arriba o se lanza hacia abajo, está sometido únicamente a la fuerza de la gravedad. En los tres casos, las fórmulas que se utilizan son las mismas, sólo cambia el signo:

$$e = v_0 \cdot t \pm \frac{1}{2} \cdot g \cdot t^2 \qquad\qquad v = v_0 \pm g \cdot t \qquad\qquad v^2 = v_0^2 \pm 2 \cdot g \cdot e$$

Espacio recorrido      Velocidad en función del tiempo      Velocidad en función del espacio

g es la aceleración de la gravedad, y vale: $g = 9'8 \ \dfrac{m}{s^2} \cong 10 \ \dfrac{m}{s^2}$

Cuando el cuerpo sube, el signo es –, se trata de un MRUR, está frenando. Cuando el cuerpo baja, el signo es +, se trata de un MRUA, está acelerando.

Cuando el cuerpo se deja caer, el movimiento se llama caída libre y $v_0 = 0$.

Ejemplo: un cuerpo se deja caer desde 50 m de altura.
Calcula: a) El tiempo que tarda en caer. b) La velocidad al llegar al suelo.

a) $e = \dfrac{1}{2} \cdot g \cdot t^2$ ; $t = \sqrt{\dfrac{2 \cdot e}{g}} = \sqrt{\dfrac{2 \cdot 50}{10}} = \sqrt{10} = 3'16$ s

b) $v^2 = 2 \cdot g \cdot e$ ; $v = \sqrt{2 \cdot g \cdot e} = \sqrt{2 \cdot 10 \cdot 50} = \sqrt{1000} = 31'6 \ \dfrac{m}{s}$

---

Ejercicio 10: se lanza hacia arriba un cuerpo a 100 km/h. Calcula: a) La altura máxima alcanzada. b) El tiempo necesario para alcanzar dicha altura. Solución: 38'6 m. b) 2'78 s.

---

Ejercicio 11: desde 100 m de altura se lanza hacia abajo una piedra con velocidad inicial de 5 m/s. Calcula: a) La velocidad al llegar al suelo. b) El tiempo para llegar al suelo.
Solución: a) 45 m/s. b) 4 s.

---

Ejercicio 12: desde 200 m de altura se lanza hacia arriba una piedra a 30 km/h. Calcula: a) Altura total alcanzada. b) Tiempo de subida, de bajada y total. c) Velocidad a los 50 m de altura. Solución: a) 203'47 m. b) 0'833 s, 6'38 s, 7'21 s. c) 55'4 m/s.

# 5. Gráficas

## 5.1. Introducción matemática.

Las tres gráficas más frecuentes en Física y Química son:

| Nombre | Recta | Parábola | Hipérbola |
|--------|-------|----------|-----------|
| Gráfica | | | |
| Ecuación | $y = a \cdot x + b$ | $y = a \cdot x^2$ | $y = \dfrac{k}{x}$ |
| Ejemplo | $y = 3 \cdot x + 2$ | $y = 6 \cdot x^2$ | $y = \dfrac{10}{x}$ |

Las fórmulas de la parábola son:

$$y = a \cdot x^2 + b \cdot x + c$$
$$y = a \cdot x^2 + b \cdot x$$
$$y = a \cdot x^2 + c$$
$$y = a \cdot x^2$$

pero la más frecuente es la última.

La recta tiene la forma:

$$y = a \cdot x + b$$

siendo:     a: pendiente
            b: ordenada en el origen

13

Hay varias rectas posibles:

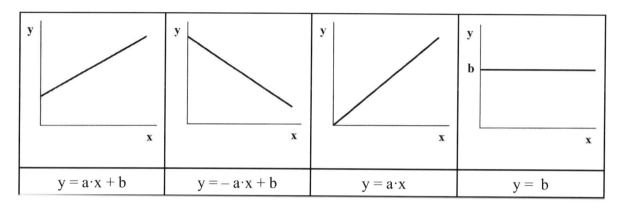

| $y = a \cdot x + b$ | $y = -a \cdot x + b$ | $y = a \cdot x$ | $y = b$ |

Ejercicio 13: representa esta recta: $y = 3 \cdot x + 2$

## 5.2. Tipos de gráficas de movimiento

Existen cuatro tipos de gráficas de movimiento:
a) Gráfica x – y: representa la trayectoria del móvil.
b) Gráfica s – t: representa la posición frente al tiempo.
c) Gráfica v – t: representa la velocidad instantánea frente al tiempo.
d) Gráfica a – t: representa la aceleración instantánea frente al tiempo.

Para el MRU, las gráficas son:

| Tipo de gráfica | Velocidad-tiempo | Posición-tiempo (Se aleja del origen) | Posición-tiempo (Se acerca al origen) |
|---|---|---|---|
| Gráfica | | | |

Para los movimientos acelerados, las gráficas son:

|  | a – t | v – t | s – t (se aleja) | s – t (se acerca) |
|---|---|---|---|---|
| MRUA | a _____ t | v / t | s ⌣ t | s ⌐ t |
| MRUR | a _____ t | v \ t | s ⌐ t | s ⌐ t |

Ejemplo: determina el tipo de movimiento perteneciente a cada tramo de esta gráfica v – t:

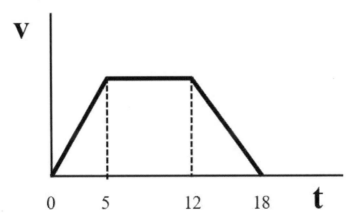

* De 0 a 5 s: MRUA.      * De 5 a 12 s: MRU.      * De 12 a 18 s: MRUR.

Ejercicio 14: determina el tipo de movimiento para cada tramo de esta gráfica s – t

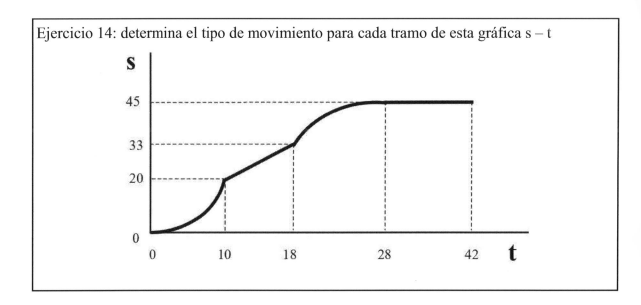

## 5.3. Dibujo de gráficas

Hay dos casos:
a) A partir de una tabla de valores.
Ejemplo: representa gráficamente esta tabla de valores:

| Tiempo (t) | Posición (s) |
|:---:|:---:|
| 0 | 0 |
| 2 | 20 |
| 4 | 20 |
| 6 | 40 |
| 10 | 0 |

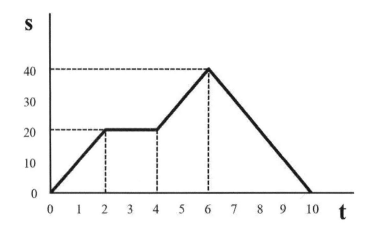

16

b) A partir de una fórmula: a partir de la fórmula, hay que obtener la tabla de valores y después se hace la gráfica.

Ejemplo: dibuja la gráfica s – t a partir de esta fórmula: $s = 2 \cdot t + 6$
Para representar una recta, basta con dos puntos. Le damos a t dos valores que nosotros queramos y, a partir de la fórmula, obtenemos los valores correspondientes de s:

| t | s |
|---|---|
| 0 | $s = 2 \cdot 0 + 6 = 6$ |
| 2 | $s = 2 \cdot 2 + 6 = 10$ |

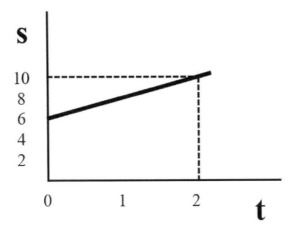

Ejercicio 15: dibuja la gráfica s – t correspondiente a esta ecuación: $s = 3 \cdot t^2$

## 5.4. Determinación de la ecuación

A partir de la gráfica de una recta, vamos a obtener su ecuación correspondiente. La ecuación de la recta es:

$$y = a \cdot x + b$$

siendo:     a: pendiente
            b: ordenada en el origen
La ordenada en el origen es el valor en el que la recta corta al eje y. La pendiente se calcula así:

$$a = \text{pendiente} = \frac{\Delta y}{\Delta x}$$

Ejemplo: a partir de la siguiente gráfica, halla su ecuación:

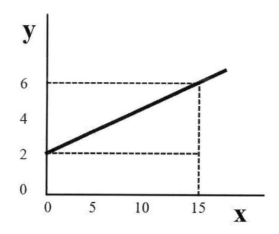

La ecuación general es: y = a·x + b. Hay que averiguar a y b. La recta corta al eje OY en el valor 2, luego: b = 2.

$$a = \frac{\Delta y}{\Delta x} = \frac{6-2}{15-0} = \frac{4}{15} = 0'267 \quad ; \quad \text{luego:} \quad y = 0'267 \cdot x + 2$$

Ejercicio 16: determina la ecuación de esta gráfica:

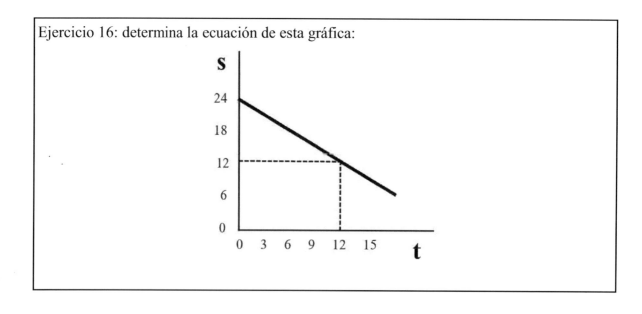

## 5.5. Cálculos a partir de gráficas

Son combinaciones de las operaciones vistas en las preguntas anteriores.

Ejemplo: determina el tipo de movimiento y la aceleración para cada tramo de esta gráfica:

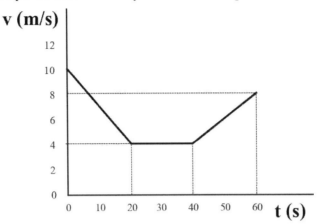

* De 0 a 20 s: MRUR $\qquad$ $a = \dfrac{10-4}{20-0} = \dfrac{6}{20} = 0'3 \dfrac{m}{s^2}$

* De 20 a 40 s: MRU $\qquad$ $a = 0$

* De 40 a 60 s: MRUA $\qquad$ $a = \dfrac{8-4}{60-40} = \dfrac{4}{20} = 0'2 \dfrac{m}{s^2}$

Ejemplo: calcula el espacio recorrido en el primer tramo de la gráfica anterior.
Es un MRUR. La fórmula del espacio recorrido para el MRUR es:

$$e = v_o \cdot t - \frac{1}{2} \cdot a \cdot t^2 = 10 \cdot 20 - \frac{1}{2} \cdot 0'3 \cdot 20^2 = 200 - \frac{0'3 \cdot 400}{2} = 200 - 0'3 \cdot 200 =$$

$$= 200 - 60 = 140 \text{ m}$$

Ejercicio 17: calcula el espacio total recorrido por un móvil con esta gráfica:

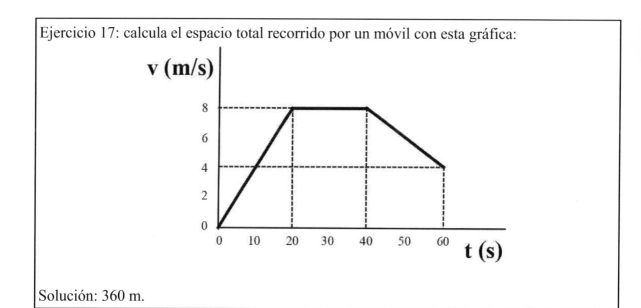

Solución: 360 m.

El espacio recorrido por un móvil también es el área de la gráfica v-t.

Ejemplo: determina el espacio recorrido por un móvil con esta gráfica:

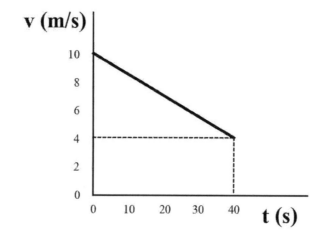

$$e_T = A_1 + A_2 = 4 \cdot 40 + \frac{6 \cdot 40}{2} = 160 + 120 = 280 \text{ m}$$

Ejercicio 18: calcula el espacio total recorrido por un móvil con esta gráfica:

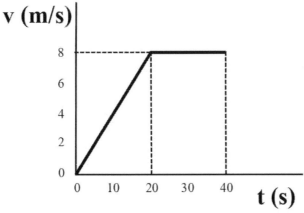

Solución: 240 m.

# 6. M.C.U. (movimiento circular uniforme)

Para este movimiento: $a = a_n$ = constante y v = constante.

Aunque la velocidad es constante, existe una aceleración, la aceleración normal o centrípeta, $a_n$. Esta aceleración la tienen todos los movimientos curvilíneos y está dirigida hacia el centro de la trayectoria. En los movimientos circulares, esta aceleración es constante.

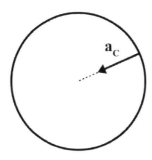

El MCU tiene las siguientes magnitudes:

a) El ángulo descrito, φ. Se mide en rad.

b) El radio de giro, r. Se mide en m.

21

c) La velocidad angular, ω. Se mide en rad/s. Es el ángulo descrito por el móvil en la unidad de tiempo.

$$\omega = \frac{\phi}{t}$$

Velocidad angular

d) La velocidad lineal, v. Se mide en m/s. Es la velocidad que tendría el móvil si saliese despedido en línea recta.

$$v = \omega \cdot r$$

Velocidad lineal

e) El espacio recorrido, e. Se mide en m. Es la distancia que recorre el móvil medida sobre la circunferencia.

$$e = \varphi \cdot r$$

Espacio recorrido

f) El período, T. Se mide en s. Es el tiempo que tarda el móvil en dar una vuelta completa.

$$T = \frac{2 \cdot \pi}{\omega}$$

Período

g) La frecuencia, f (o también ν). Se mide en Hz (hercios) o, lo que es lo mismo, $s^{-1}$. Es la inversa del período. Es el número de vueltas que da el móvil en un segundo.

$$f = \frac{1}{T} = \frac{\omega}{2 \cdot \pi}$$

Frecuencia

h) El número de vueltas, N:

$$N = \frac{\phi}{2 \cdot \pi}$$

Número de vueltas

Ejemplo: un disco de la Paquera de Jerez gira a 33 rpm. Calcula:
a) La velocidad angular con la que gira.
b) Las vueltas que da en 20 s.
c) El período.

a) $\omega = 33 \ \dfrac{rev}{min} \cdot \dfrac{2 \cdot \pi \, rad}{1 \, rev} \cdot \dfrac{1 \, min}{60 \, s} = 3'46 \ \dfrac{rad}{s}$

b) $\varphi = \omega \cdot t = 3'46 \ \dfrac{rad}{s} \cdot 20 \ s = 69'2 \ rad \ ; \ N = \dfrac{\varphi}{2 \cdot \pi} = \dfrac{69'2}{2 \cdot \pi} = 11 \ vueltas$

c) $T = \dfrac{2 \cdot \pi}{\omega} = \dfrac{2 \cdot \pi}{3'46} = 1'82 \ s$

---

Ejercicio 19: un disco de 30 cm de diámetro gira a 45 rpm. Calcula: a) La velocidad angular.
b) El periodo. c) La frecuencia. d) La velocidad lineal de un punto de la periferia.
Solución: a) 4'71 rad/s. b) 1'33 s. c) 0'752 Hz. d) 0'707 m/s.

---

# PROBLEMAS Y CUESTIONES DE CINEMÁTICA

## Problemas

### Transformación de unidades

1) Indica cuál de las siguientes aceleraciones es mayor: 2'5 m/s$^2$, 30.000 km/h$^2$.
Solución: la primera.

2) La velocidad de la luz es de 300.000 km/s. Exprésala en km/h y en m/s.
Solución: 1'08·10$^9$ km/h, 3·10$^8$ m/s

### Velocidad media

3) Un coche va durante 20 minutos a 120 km/h y durante 90 minutos a 90 km/h. ¿Cuál es su velocidad media? Solución: 95'5 km/h.

4) Un peatón asciende por una cuesta con una velocidad de 3 km/h y la baja con una velocidad de 6 km/h. Determina la velocidad media para todo el recorrido.
Solución: 4 km/h.

5) Un barco navega entre dos ciudades situadas a las orillas de un río. Cuando navega aguas abajo lleva una velocidad de 15 km/h y contracorriente de 12 km/h. Calcula la velocidad media de todo el recorrido. Solución: 13'3 km/h.

6) Un ciclista recorre una sierra. Hay 30 km de subida y 40 km de bajada. La velocidad media de subida es de 20 km/h y la de bajada es de 60 km/h. Calcula la velocidad media de todo el recorrido. Solución: 32'3 km/h.

### Movimiento rectilíneo uniforme (MRU)

7) ¿Cuándo y dónde se encontrarán estos dos coches?

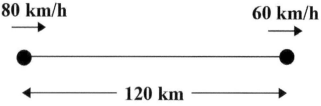

Solución: 6 h, 360 km, 480 km.

8) Un atleta A está a 75 m de la meta y corre a 4 m/s. Otro atleta B está a 100 m y corre a 6 m/s. ¿Quién ganará y por qué? Solución: el B.

9) Dos ciclistas corren por la misma carretera con MRU, uno a 15 km/h y otro a 25 km/h. ¿Qué distancia de ventaja le debe dejar el uno al otro para que se encuentren a la vez a los 2 km del más rápido? ¿Y si la ventaja es en tiempo? Solución: 800 m, 3 min 12 s.

10) Dos automovilistas circulan por un tramo recto de una autopista, con las velocidades respectivas de 36 km/h y 108 km/h. a) Si ambos viajan en el mismo sentido y están separados inicialmente 1 km, determina el instante y la posición en que el coche que va más rápido alcanza al otro. b) Si se mueven en sentido opuesto, e inicialmente están separados 1 km, determina el instante y la posición en que se cruzan.
Solución: a) 50 s, 1500 m, 500 m. b) 25 s, 750 m, 250 m.

11) Desde la parte de arriba de un pozo se tira una piedra. Si se oye el chapoteo con el agua a los 2 s, calcula la profundidad del pozo: a) Sin tener en cuenta la velocidad del sonido. b) Teniéndola en cuenta. Velocidad del sonido: 340 m/s, $g = 9'8$ m/s$^2$.
Solución: a) 19'6 m. b) 18'5 m.

12) Dos ciudades están separadas 1000 km. Desde la ciudad A sale un coche a las 12 PM a 80 km/h hacia la ciudad B. Desde la ciudad B sale un coche hacia la ciudad A 2 h más tarde a 100 km/h. ¿Cuándo y dónde se encontrarán? Solución: 18:40, 533 km o 467 km.

Movimientos acelerados

13) Un cuerpo parte del reposo y alcanza 100 km/h en 12 s. Calcula: a) La aceleración. b) El espacio recorrido a los 20 s. c) El tiempo necesario para alcanzar los 200 km/h.
Solución: a) 2'31 m/s$^2$. b) 462 m. c) 24'1 s.

14) Un cuerpo se mueve a 60 km/h. De repente, acelera y recorre 52 m en 2'5 s. Calcula: a) Su aceleración. b) Su velocidad final. Solución: a) 3'28 m/s$^2$. b) 24'9 m/s.

15) Un automóvil que circula con una velocidad de 54 km/h, acelera hasta alcanzar una velocidad de 72 km/h después de recorrer una distancia de 175 m. Determina el tiempo que tarda en recorrer esa distancia y la aceleración del movimiento. Solución: 10 s, 0'5 m/s$^2$.

16) Al pasar un coche por un punto lleva 25 km/h y 2 km más allá lleva 40 km/h. ¿Qué aceleración lleva? ¿Cuándo partió del reposo? Solución: 0'0188 m/s$^2$, 6 min 9 s.

Movimientos verticales

17) Se dispara hacia arriba una escopeta a 300 km/h. Calcula: a) La altura máxima alcanzada. b) La velocidad a los 3 s. c) El tiempo para alcanzar la altura máxima.
Solución: a) 347 m. b) 53'3 m/s. c) 8'33 s.

18) Desde la azotea de un rascacielos se deja caer una piedra. a) Si tarda 10 s, ¿cuál es su altura? b) ¿Cuánto tardaría si se lanzara hacia abajo a 80 km/h?
Solución: a) 500 m. b) 8'02 s.

19) Desde una terraza que está a 15 m del suelo se lanza verticalmente y hacia arriba una pelota con una velocidad inicial de 12 m/s. Determina la altura máxima que alcanza, el tiempo que tarda en golpear el suelo de la calle y la velocidad en ese instante.
Solución: 22'2 m, 3'31 s, 21'1 m/s.

20) Se lanza verticalmente hacia arriba un cuerpo con una velocidad de 30 m/s. Determina:
a) Posición que tiene y la velocidad al cabo de 2 s. b) Altura máxima que alcanza y tiempo empleado. c) Velocidad a los 10 m de altura. d) Velocidad a los 5 s.
Solución: a) 40 m, 10 m/s. b) 45 m, 3 s. c) 26'5 m/s. d) 20 m/s.

21) Si dejamos caer una piedra desde 60 m de altura, ¿cuál será su posición y la distancia recorrida a los 3 s de haberla soltado?, ¿qué velocidad posee en ese instante?, ¿cuánto tiempo tarda en llegar al suelo?, ¿con qué velocidad llega?
Solución: 15 m, 45 m, 30 m/s, 3'46 s, 34'6 m/s.

22) Desde 10 m de altura tiramos una piedra hacia arriba a 40 km/h. Calcula la altura máxima alcanzada, la velocidad al llegar al suelo de la calle y el tiempo que está en el aire.
Solución: 16'2 m, 18 m/s, 2'91 s.

Gráficas

23) Representa la gráfica correspondiente a esta ecuación: $s = -3 \cdot t + 6$

24) Representa la gráfica correspondiente a esta ecuación: $s = t^2 + 2 \cdot t + 4$

25) Averigua la ecuación de esta gráfica:

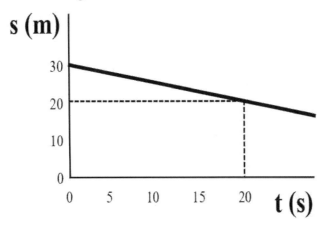

26) Calcula el espacio total recorrido por un móvil con esta gráfica por los dos métodos:

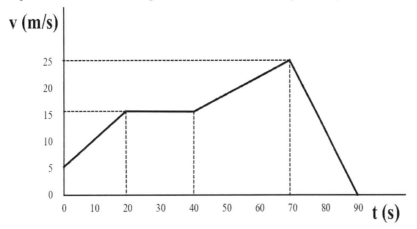

Solución: 1350 m.

Movimiento circular uniforme (MCU)

27) Un disco de Manolo Escobar de 30 cm de diámetro gira a 45 rpm. Calcula: a) La velocidad angular. b) La velocidad lineal a 5 cm del centro. c) La velocidad lineal en el extremo del disco si su diámetro vale 30 cm. d) El número de vueltas que da si la canción es "Mi carro" y dura en 2 min 47 s. e) El periodo. f) La frecuencia.
Solución: a) 4'71 rad/s. b) 0'235 m/s. c) 0'706 m/s. d) 125 vueltas. e) 1'33 s. f) 0'752 Hz.

28) El radio de la Tierra es 6370 km. Calcula la velocidad angular y la velocidad lineal en km/h que tenemos nosotros gracias a la rotación de la Tierra.
Solución: $7'27 \cdot 10^{-5}$ rad/s, 1670 km/h.

29) Un tractor tiene dos ruedas grandes de 1'8 m y dos ruedas pequeñas de 70 cm de diámetro. Si el tractor recorre 100 m en 2 minutos a velocidad constante, ¿qué velocidad angular lleva cada rueda? ¿Y qué velocidad lineal? ¿Cuántas vueltas ha dado cada una?
Solución: 0'926 rad/s, 2'38 rad/s, 0'833 m/s, 17'7 vueltas, 45'5 vueltas.

30) Un ciclista se mueve a 50 km/h. Si sus ruedas son de 70 cm de diámetro, calcula: a) La velocidad angular de las ruedas. b) El número de vueltas que dan las ruedas en 20 km. c) El espacio recorrido por un chicle pegado a una de las ruedas.
Solución: a) 39'7 rad/s. b) 9100 vueltas. c) 20 km.

31) Determina las velocidades angulares, el periodo y la frecuencia de las tres agujas de un reloj analógico. Solución: 0'105 rad/s, $1'75 \cdot 10^{-3}$ rad/s, $1'45 \cdot 10^{-4}$ rad/s, 60 s, 3600 s, $4'32 \cdot 10^{4}$ s, 0'0167 Hz, $2'78 \cdot 10^{-4}$ Hz, $2'31 \cdot 10^{-5}$ Hz.

32) Dos engranajes de 20 y 15 cm de diámetro están conectados. Averigua: a) Las vueltas que da el segundo cuando el primero da 50. b) La velocidad angular del segundo si la del primero es de 40 rad/s. Solución: a) 66'7 vueltas. b) 53'3 rad/s.

Miscelánea

33) Una persona sale de su casa y recorre los 200 m que le separan en línea recta hasta la panadería a una velocidad constante de 1'4 m/s. Permanece en la panadería 2 minutos y regresa a su casa a 1'8 m/s. a) Calcula la velocidad media de todo el recorrido. b) ¿Cuál ha sido el desplazamiento? c) ¿Qué espacio ha recorrido? d) Dibuja la gráfica v – t . e) Dibuja la gráfica s – t . Solución: a) 1'07 m/s.

34) Un coche circula a 100 km/h. De repente, el conductor ve un conejo a 200 m. Si el tiempo de reacción es 0'9 s y la aceleración de frenado 2 m/s², ¿comerá hoy arroz con conejo? Solución: sí.

**Cuestiones**

1) Define: mecánica, cinemática, dinámica, móvil, movimiento, sistema de referencia, posición, espacio recorrido, ecuación de movimiento, velocidad, aceleración, trayectoria, velocidad instantánea, velocidad media, aceleración instantánea, aceleración media, velocidad angular, período, frecuencia.

2) ¿Puede tener aceleración un cuerpo que se mueva a velocidad constante?

3) ¿Qué tipo de movimiento tiene un cuerpo que se lanza hacia arriba?¿Y cuando cae?

4) Dibuja las gráficas s – t y v – t de un cuerpo que se lanza hacia arriba y luego cae.

5) Dibuja las gráficas s – t y v – t de un coche que parte del reposo, adquiere una velocidad constante y luego frena hasta pararse.

6) A partir de esta gráfica s – t, dibuja la gráfica v – t correspondiente sin hacer cálculos:

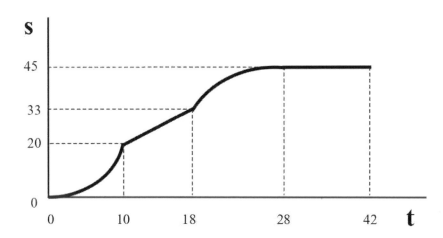

# TEMA 2: DINÁMICA

## Esquema.

1. Introducción.
2. Vectores.
3. Composición y descomposición de fuerzas.
4. Tipos de fuerzas.
5. Las leyes de Newton.
6. Ejemplos.

## 1. Introducción

- Dinámica: parte de la Física que estudia el movimiento atendiendo a las causas que lo producen.
- Fuerza: todo aquello capaz de producir una deformación o un cambio en el estado de reposo o de movimiento de un cuerpo. Las fuerzas pueden actuar por contacto o a distancia.

Ejemplo: una fuerza por contacto es un empujón que le damos a un coche y una fuerza a distancia es la fuerza de la gravedad.

- Sistema: porción limitada del universo para su estudio.

Ejemplos: una caja, una gacela, la atmósfera, un río, una puntilla, una persona, etc.

## 2. Vectores

Magnitud es todo aquello que se puede medir. Hay dos tipos:

$$\text{Magnitudes} \begin{cases} \text{Escalares} \\ \text{Vectoriales} \end{cases}$$

Las magnitudes escalares son aquellas que quedan definidas con un número y una unidad. No tienen dirección. Ejemplos: 3 s, 20 m, 60 kg.
Las magnitudes vectoriales son aquellas que quedan definidas mediante un número, una unidad y un vector. Un vector es una magnitud dirigida.

Ejemplos: la velocidad, la aceleración y la fuerza.

Las componentes de un vector son:

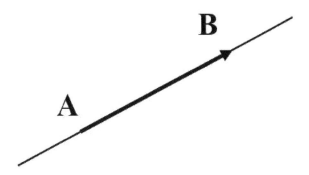

- Origen o punto de aplicación: es el punto del que parte. Es el punto A.
- Extremo: es el punto opuesto al origen. Es el B.
- Módulo o intensidad: es el valor de la magnitud del vector. Es el valor del segmento $\overline{AB}$ .
- Dirección: es la recta en la que está contenido el vector.
- Sentido: es el lado de la recta hacia el que se dirige el vector. Es el indicado por la flecha.

Los vectores se representan con una letra mayúscula o minúscula y con una flechita encima o bien en negrita. Ejemplos: $\vec{r}, \vec{s}, \boldsymbol{A}, \boldsymbol{B}$ .

Los vectores unitarios son aquellos cuyo módulo vale 1. Para cada eje coordenado existe un vector unitario. El vector unitario del eje x se llama **i**, el del eje y se llama **j** y el del eje z se llama **k**.

Ejemplo: representa estos vectores: a) $\vec{A}=3 \cdot \vec{i}$ b) $\vec{B}=5 \cdot \vec{j}$ c) $\vec{C}=3 \cdot \vec{i}+5 \cdot \vec{j}$

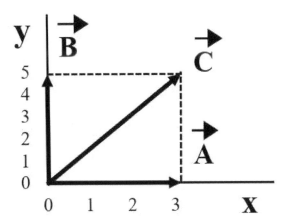

Ejercicio 1: representa estos vectores: a) **A** = - 2·**i**. b) **B** = 2·**i** – 4·**j**

## 3. Composición y descomposición de fuerzas

Descomponer una fuerza consiste en obtener los valores de su componente x y de su componente y. Esto se hace proyectando el extremo del vector sobre los ejes x e y.

Ejemplo:

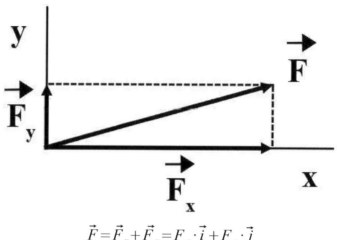

$$\vec{F}=\vec{F}_x+\vec{F}_y=F_x\cdot\vec{i}+F_y\cdot\vec{j}$$

siendo:     $\vec{F}_x$   : componente x de la fuerza.

$\vec{F}_y$   : componente y de la fuerza.

$F_x$: módulo de $F_x$ .

$F_y$: módulo de $F_y$ .

La composición de fuerzas consiste en hallar la fuerza a partir de sus componentes. La fuerza que se obtiene se llama fuerza resultante, **R**.

Hay dos métodos para hallar la resultante:

$$\text{Método} \begin{cases} \text{Numérico} \\ \\ \text{Gráfico} \end{cases}$$

∗ Método numérico: consiste en sumar las fuerzas componente a componente.

Ejemplo: calcula la resultante de estas dos fuerzas:

$$\vec{F}_1=3\cdot\vec{i}+2\cdot\vec{j} \quad ; \quad \vec{F}_2=5\cdot\vec{i}-4\cdot\vec{j} \quad ; \quad \vec{R}=\vec{F}_1+\vec{F}_2=(3+5)\cdot\vec{i}+(2-4)\cdot\vec{j}=8\cdot\vec{i}-2\cdot\vec{j}$$

Ejercicio 2: calcula la resultante de estas tres fuerzas:

$$\vec{F}_1 = 3 \cdot \vec{i} - 2 \cdot \vec{j} \quad ; \quad \vec{F}_2 = 6 \cdot \vec{i} - 4 \cdot \vec{j} \quad ; \quad \vec{F}_3 = -4 \cdot \vec{i} + 8 \cdot \vec{j}$$

Solución: $\vec{R} = 5 \cdot \vec{i} + 2 \cdot \vec{j}$

* Método gráfico: hay varios casos:

a) Fuerzas de la misma dirección y sentido:

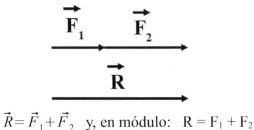

$\vec{R} = \vec{F}_1 + \vec{F}_2$  y, en módulo:  $R = F_1 + F_2$

Ejercicio 3: cinco personas empujan un coche con 70 N cada una.
¿Cuál es la fuerza total aplicada? Solución: 350 N.

b) Fuerzas de la misma dirección y sentidos opuestos:

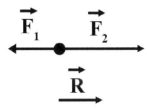

$\vec{R} = \vec{F}_1 + \vec{F}_2$  y, en módulo:  $R = F_2 - F_1$
El sentido de la resultante es el de la fuerza mayor.

Ejercicio 4: dos personas tiran de una cuerda, una a 90 N y la otra a 65 N. ¿Cuál será la resultante y hacia dónde se moverán? Solución: 25 N.

c) Fuerzas concurrentes en ángulo recto:

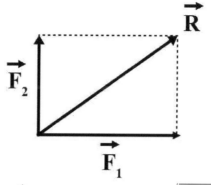

$\vec{R} = \vec{F}_1 + \vec{F}_2$ y, en módulo: $R - \sqrt{F_1^2 + F_2^2}$

---

Ejercicio 5: dos mulas tiran de una roca a la que están atadas y formando 90°. Una tira a 150 N y la otra a 120 N. ¿Cuál es la resultante? Solución: 192 N.

---

d) Fuerzas concurrentes con cualquier ángulo:

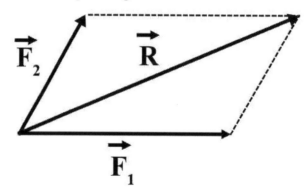

$\vec{R} = \vec{F}_1 + \vec{F}_2$ y, en módulo: $R = \sqrt{F_1'^2 + F_2'^2 - 2 \cdot F_1' \cdot F_2' \cdot \cos\alpha}$ (teorema del coseno)

---

Ejercicio 6: dos fuerzas de 300 N y 500 N forman 30°. Calcula la resultante.
Solución: 283 N.

---

d) Fuerzas paralelas del mismo sentido

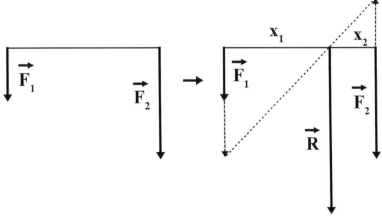

$$\vec{R} = \vec{F}_1 + \vec{F}_2 \quad \text{y, en módulo:} \quad R = F_1 + F_2 \text{. Además: } F_1 \cdot x_1 = F_2 \cdot x_2$$

Ejemplo: se aplican dos fuerzas de 100 N y 200 N sobre una barra de 5 metros. Averigua la resultante y el punto de aplicación.

$R = F_1 + F_2 = 100 + 200 = 300$ N ; $F_1 \cdot x_1 = F_2 \cdot x_2 \rightarrow 100 \cdot x_1 = 200 \cdot (5 - x_1) \rightarrow$

$\rightarrow 100 \cdot x_1 = 1000 - 200 \cdot x_1 \rightarrow 300 \cdot x_1 = 1000 \rightarrow x_1 = 3'33$ m $\rightarrow x_2 = 1'67$ m

---

Ejercicio 7: se aplican dos fuerzas: una de 20 N y otra de 30 N sobre una barra de 2 metros. Determina la resultante y el punto de aplicación. Solución: 50 N, 1'2 m, 0'8 m.

---

e) Fuerzas paralelas de sentidos contrarios.

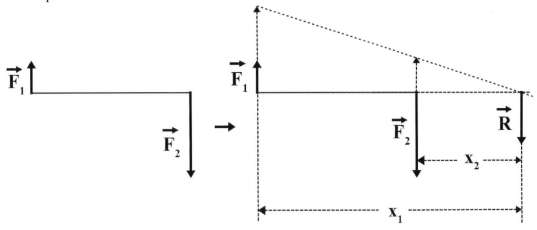

$$\vec{R} = \vec{F}_1 + \vec{F}_2 \quad \text{y, en módulo:} \quad R = F_2 - F_1 \text{. Además: } F_1 \cdot x_1 = F_2 \cdot x_2$$

Ejemplo: dos fuerzas de sentidos opuestos tienen de módulos: 20 N y 30 N. Averigua la resultante y el punto de aplicación si están separadas 4 m.

$R = F_2 - F_1 = 30 - 20 = 10 \text{ N}$  ;  $F_1 \cdot x_1 = F_2 \cdot x_2$  $\rightarrow$  $20 \cdot (4 + x_2) = 30 \cdot x_2$  $\rightarrow$

$\rightarrow$  $80 + 20 \cdot x_2 = 30 \cdot x_2$  $\rightarrow$  $80 = 10 \cdot x_2$  $\rightarrow$  $x_2 = 8 \text{ m}$  $\rightarrow$  $x_1 = 4 + 8 = 12 \text{ m}$

---

Ejercicio 8: se aplican dos fuerzas paralelas de sentidos contrarios de 50 N y 60 N. Averigua la resultante y el punto de aplicación si las fuerzas están separadas 2'5 m.
Solución: 10 N, 12'5 m, 15 m.

---

Se llama par de fuerzas a un sistema formado por dos fuerzas paralelas de igual módulo y de sentidos opuestos. La resultante es nula pero el efecto sobre el cuerpo es un giro.


## 4. Tipos de fuerzas

a) La fuerza de la gravedad, $F_G$: es la fuerza con la que se atraen todos los cuerpos por tener masa.

$$F_G = G \cdot \frac{M \cdot m}{r^2}$$

Fuerza de la gravedad

siendo:      G: constante de gravitación universal = $6'67 \cdot 10^{-11}$ $\dfrac{N \cdot m^2}{kg^2}$

M: masa mayor (kg).
m: masa menor (kg).
r: distancia entre los centros de gravedad (m).

---

Ejercicio 9: calcula la fuerza con la que se atraen la Tierra y la Luna.
$M_T = 5'97 \cdot 10^{24}$ kg, $M_L = 7'35 \cdot 10^{22}$ kg, distancia Tierra-Luna = 380.000 km.
$G = 6'67 \cdot 10^{-11}$ $\dfrac{N \cdot m^2}{kg^2}$ . Solución: $2'03 \cdot 10^{20}$ N.

---

b) El peso, P: es la fuerza con la que un planeta atrae a cuerpos cercanos a su superficie. Es la misma que la fuerza de la gravedad, sólo que se utiliza solamente cuando el cuerpo está cerca de la superficie del planeta.

$$P = m \cdot g$$

Peso

siendo:        m: masa (kg).

g: aceleración de la gravedad ( $\frac{m}{s^2}$ ).

Ejercicio 10: calcula el peso de una persona de 60 kg en la superficie de la Tierra y en la superficie de la Luna. $g_T = 9'8 \ \frac{m}{s^2}$ , $g_L = 1'62 \ \frac{m}{s^2}$ . Solución: 588 N, 97'2 N.

c) La fuerza eléctrica o fuerza electrostática, $F_E$: es la fuerza con la que se atraen o repelen dos cuerpos cargados.

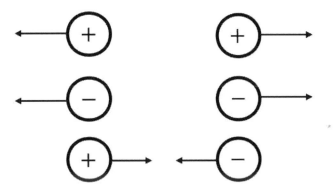

Aumenta con el valor de las cargas y disminuye con la distancia de separación.

d) La tensión, T: es la fuerza que mantiene rectas las cuerdas. En los dos extremos de una cuerda hay siempre dos tensiones iguales, la una dirigida hacia la otra.

e) La normal, N: es la fuerza que ejerce una superficie sobre un cuerpo apoyado sobre ella. La normal es perpendicular a la superficie sobre la que está apoyada. Su sentido es siempre desde la superficie hacia el cuerpo.

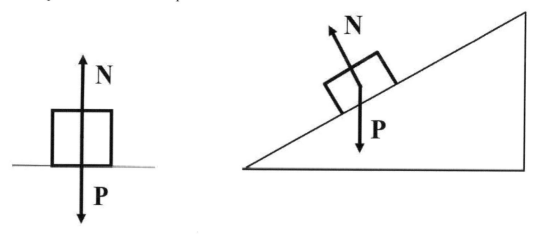

En un plano horizontal: N = P

Ejercicio 11: calcula la normal que ejerce el suelo sobre un cuerpo de 80 kg.
Solución: 800 N.

f) La fuerza de rozamiento, $F_R$: es una fuerza que se opone al movimiento. Es la consecuencia del roce de las rugosidades microscópicas de las superficies en contacto. Cuanto más pulida esté la superficie, menor será el rozamiento.

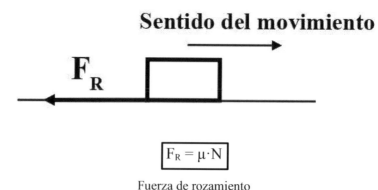

$$F_R = \mu \cdot N$$

Fuerza de rozamiento

siendo:    $\mu$: coeficiente de rozamiento (sin unidades).
           N: normal (N).

Ejercicio 12: calcula la fuerza de rozamiento de un cuerpo de 80 kg sobre una superficie de coeficiente de rozamiento 0'3. Solución: 240 N.

g) La fuerza magnética, $F_m$: es la fuerza con la que se atraen o repelen los imanes.

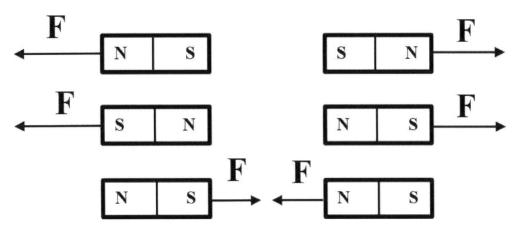

Aumenta con la intensidad del campo magnético y disminuye con la distancia.

h) El empuje, E: es la fuerza de ascensión que experimentan todos los cuerpos que están total o parcialmente sumergidos en un fluido (líquido o gas). Es mucho mayor en los líquidos que en los gases. Principio de Arquímedes: "Todo cuerpo sumergido en un fluido experimenta un empuje hacia arriba igual al peso de fluido desalojado".

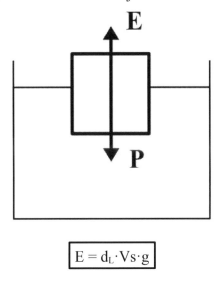

$$E = d_L \cdot V_s \cdot g$$

Empuje

siendo: 

$d_L$: densidad del líquido ( $\dfrac{kg}{m^3}$ )

$V_s$: volumen sumergido del cuerpo ($m^3$)

g: aceleración de la gravedad ( $\dfrac{m}{s^2}$ )

Ejercicio 13: calcula el empuje que experimenta una persona de 85 kg si el volumen sumergido es de 70 L. Densidad del agua: 1 $\frac{g}{cm^3}$ . Solución: 700 N.

i) La fuerza centrífuga, $F_C$: no es una verdadera fuerza, por lo que no debe dibujarse nunca, ni tenerse en cuenta. Es la fuerza que parece empujar a un cuerpo hacia afuera cuando el cuerpo describe un movimiento circular.

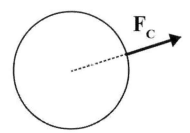

j) La fuerza centrípeta, $F_C$: es aquella fuerza dirigida hacia el centro en un movimiento curvilíneo o en un movimiento circular. Es la responsable de que la trayectoria de un cuerpo sea curva.

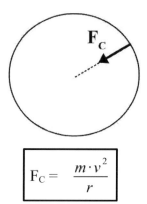

$$F_C = \frac{m \cdot v^2}{r}$$

Fuerza centrípeta

siendo:     m: masa (kg).

v: velocidad ( $\frac{m}{s}$ )

r: radio de giro (m).

Ejercicio 14: calcula la fuerza centrípeta de un cuerpo de 85 kg que se mueve en una trayectoria de 5 m a 80 $\frac{km}{h}$ . Solución: 8380 N.

k) La fuerza elástica, $F_E$: es la fuerza que aparece cuando un cuerpo elástico se comprime o se estira.

Ejemplo: un muelle que se estira o se comprime.

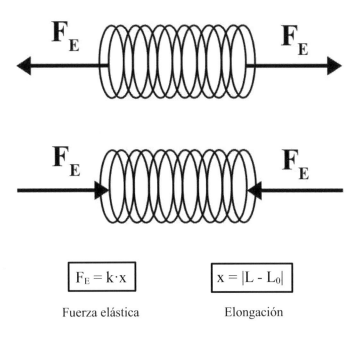

$$\boxed{F_E = k \cdot x}$$

Fuerza elástica

$$\boxed{x = |L - L_0|}$$

Elongación

siendo:

k: constante elástica del muelle ( $\dfrac{N}{m}$ ).

x: elongación, distancia que se ha alargado o comprimido el muelle (m).
L: longitud final del muelle (m).
$L_0$: longitud inicial del muelle (m).

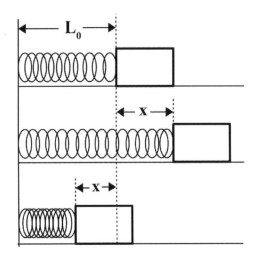

Ejemplo: calcula la fuerza que hay que ejercer sobre un muelle de 80 N/m para que alcance los 25 cm si mide 20 cm.

$$F_E = k \cdot x = 80 \cdot \left| 0'25 - 0'20 \right| = 80 \cdot 0'05 = 4 \text{ N}$$

---

Ejercicio 15: calcula la constante elástica de un muelle que mide 15 cm y se estira hasta los 27 cm cuando se le cuelga una masa de 50 g. Solución: 4'17 N/m.

---

## 5. Las leyes de Newton

El movimiento de todos los cuerpos está regido por las leyes de Newton, que son tres:
1ª ley) Ley de la inercia: todo cuerpo permanece en su estado de reposo o de movimiento rectilíneo uniforme (M.R.U.) mientras no actúe sobre él una fuerza resultante distinta de cero. La inercia es la tendencia que tienen los cuerpos a seguir en el estado de reposo o de movimiento en el que se encontraban.

Dicho de otra forma:

Si R = 0  →  el cuerpo está en reposo o tiene un MRU.

Si R ≠ 0  →  el cuerpo tiene un MRUA, un MRUR o un MCU.

Ejemplo: un coche por la carretera a 100 km/ h tiene R = 0.
Ejemplo: un coche parado tiene R = 0.

2ª ley) Ley fundamental de la Dinámica: cuando a un cuerpo se le aplica una fuerza resultante distinta de cero, se le comunica una aceleración que es directamente proporcional a la resultante e inversamente proporcional a la masa.

$$a = \frac{F}{m} \quad \rightarrow \quad F = m \cdot a$$

Esta ecuación se puede aplicar a cualquier fuerza pero, normalmente, se aplica a la fuerza resultante:

$$\boxed{R = m \cdot a}$$

Ecuación fundamental de la Dinámica

3ª ley) Ley de acción y reacción: cuando un cuerpo ejerce una fuerza (acción) sobre otro cuerpo, el otro cuerpo ejerce sobre el primero otra fuerza (reacción), que es de igual módulo y de sentido contrario. Esto significa, que todas las fuerzas en el universo actúan por pares. Las fuerzas de acción y reacción nunca se anulan, ya que actúan sobre cuerpos distintos.

Ejemplo: la Tierra y la Luna se atraen con dos fuerzas que son iguales, de sentidos opuestos y cada una se aplica en un cuerpo distinto:

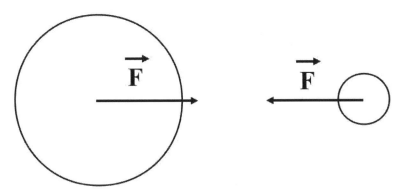

Acción y reacción entre la Tierra y la Luna

## 6. Ejemplos

En la mayoría de los problemas de Dinámica, hay que seguir estos pasos:
1º) Dibujar todas las fuerzas que actúan sobre el cuerpo que nos interesa.
2º) Calcular las fuerzas que tengan fórmula.
3º) Determinar hacia dónde se mueve el cuerpo y el tipo de movimiento.
4º) Aplicar: R = m·a

a) Cuerpo en un plano horizontal.
Ejemplo: un cuerpo de 2 kg reposa en una superficie horizontal de coeficiente de rozamiento 0'3. Calcula qué fuerza hay que aplicarle para que adquiera 20 km/h en 3 s.

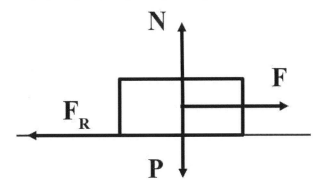

Cuerpo en plano horizontal

$$v = 20 \ \frac{km}{h} = 5'56 \ \frac{m}{s} \quad ; \quad a = \frac{\Delta v}{\Delta t} = \frac{5'56-0}{3-0} = 1'85 \ \frac{m}{s^2} \quad ; \quad N = P = m \cdot g = 2 \cdot 10 = 20 \ N$$

Se mueve hacia la derecha con MRUA. $R = m \cdot a$ ; $R = F - F_R$ → $F - F_R = m \, a$

$F_R = \mu \cdot N = \mu \cdot m \cdot g = 0'3 \cdot 20 = 6 \, N$ ; $F = F_R + m \cdot a = 6 + 2 \cdot 1'85 = 9'7 \, N$

---

Ejercicio 16: calcula la fuerza que hay que aplicarle a un cuerpo de 65 kg inicialmente en reposo para recorrer 87 m en 14 s si el coeficiente de rozamiento vale 0´45.
Solución: 350 N.

---

b) Polea (máquina de Atwood).
Ejemplo: en los extremos de una polea hay dos masas de 1'5 kg y 2 kg.
Calcula: a) La tensión. b) La aceleración.

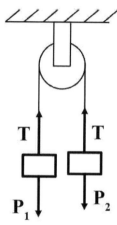

Polea (máquina de Atwood)

a) $P_1 = m_1 \cdot g = 1'5 \cdot 10 = 15 \, N$ ; $P_2 = m_2 \cdot g = 2 \cdot 10 = 20 \, N$

$P_2 > P_1$ se mueve hacia la derecha con MRUA.

$$R = m \cdot a \; ; \quad R = P_2 - P_1 \quad → \quad P_2 - P_1 = (m_1 + m_2) \cdot a$$

$$a = \frac{P_2 - P_1}{m_1 + m_2} = \frac{20 - 15}{1'5 + 2} = \frac{5}{3'5} = 1'43 \; \frac{m}{s^2}$$

b) Aplicando $R = m \cdot a$ a cada cuerpo:

$$T - P_1 = m_1 \cdot a \quad → \quad T = P_1 + m_1 \cdot a = 15 + 1'5 \cdot 1'43 = 17'1 \, N$$

$$P_2 - T = m_2 \cdot a \quad → \quad T = P_2 - m_2 \cdot a = 20 - 2 \cdot 1'43 = 17'1 \, N$$

44

Ejercicio 17: calcula las tensiones y las aceleraciones en una polea que tiene dos masas colgadas: 7 kg y 5 kg. Solución: 1'67 m/s², 58'3 N.

c) Cuerpo que cae por un plano inclinado.

Ejemplo: un cuerpo de 80 kg cae por un plano inclinado. Calcula su aceleración a partir de estos datos: $P_x = 400$ N, $P_y = 693$ N, $\mu = 0'24$.

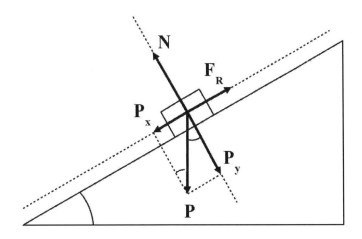

$$N = P_y = 693 \text{ N} \quad ; \quad P = m \cdot g = 80 \cdot 10 = 800 \quad ; \quad F_R = \mu \cdot N = \mu \cdot P_y = 0'24 \cdot 693 = 166 \text{ N}$$

$$R = m \cdot a \quad ; \quad R = P_x - F_R \quad ; \quad P_x - F_R = m \cdot a$$

$$a = \frac{P_x - F_R}{m} = \frac{400 - 166}{80} = \frac{234}{80} = 2'92 \ \frac{m}{s^2}$$

Ejercicio 18: calcula el tiempo que tardará en caer por un plano inclinado de 10 m de longitud un cuerpo de 120 kg si $P_x = 500$ N, $P_y = 620$ N y $\mu = 0'37$. Solución: 2'98 s.

45

d) Movimiento circular.

Ejemplo: un coche toma una curva de 50 m de radio y el coeficiente de rozamiento vale 0'35. ¿A qué velocidad máxima en km/h podrá tomarla para no salirse de ella?

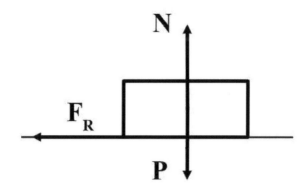

La fuerza centrípeta es $F_R$.

$$F_C = F_R = \mu \cdot m \cdot g \quad ; \quad F_C = \frac{m \cdot v^2}{r} \quad \rightarrow \quad \mu \cdot m \cdot g = \frac{m \cdot v^2}{r}$$

$$\mu \cdot g \cdot r = v^2 \quad \rightarrow \quad v = \sqrt{\mu \cdot g \cdot r} = \sqrt{0'35 \cdot 10 \cdot 50} = \sqrt{175} = 13'2 \ \frac{m}{s} = 47'5 \ \frac{km}{h}$$

Ejercicio 19: un coche va a 100 km/ h. Calcula cuál debería ser el radio mínimo para no salirse de la curva si el coeficiente de rozamiento vale 0'4. Solución: 193 m.

# PROBLEMAS Y CUESTIONES DE DINÁMICA

**Problemas**

Representación de vectores

1) Averigua la resultante de estos vectores analítica y gráficamente:
$\vec{A}=-5\cdot\vec{i}+4\cdot\vec{j}$   ;   $\vec{B}=8\cdot\vec{i}+2\cdot\vec{j}$ . Solución:  $\vec{R}=3\cdot\vec{i}+6\cdot\vec{j}$

2) Averigua la resultante de estos vectores:
$\vec{A}=-4\cdot\vec{i}+8\cdot\vec{j}$   ;   $\vec{B}=5\cdot\vec{i}+10\cdot\vec{j}$   ;   $\vec{B}=-2\cdot\vec{i}+7\cdot\vec{j}$ . Solución:  $\vec{B}=-\vec{i}+25\cdot\vec{j}$

Cálculo de la resultante

3) Dos mulas empujan un carro con fuerzas de 8000 N y 9000 N. Calcula la fuerza resultante si el ángulo es de: a) 90°.  b) 60°. Solución: a) 1'20·10$^4$ N. b) 8540 N.

4) Una balsa de madera es remolcada a lo largo de un canal por dos caballos que mediante cuerdas tiran de ella, cada uno por una orilla. Las cuerdas forman 90° entre sí. Suponiendo que los dos ejercen la misma fuerza y que el rozamiento de la balsa con el agua es de 70 N, calcula la fuerza con que deberá tirar cada uno para moverse a velocidad constante.
Solución: 49'5 N.

5) Sean dos fuerzas de 80 y 120 N. Calcula su resultante y el punto de aplicación si: a) Tienen la misma dirección y el mismo sentido. b) Tienen la misma dirección y sentidos contrarios. c) Forman 90°. d) Forman 60°. e) Son paralelas, del mismo sentido y separadas 30 cm. f) Son paralelas, de sentidos opuestos y separadas 50 cm.
Solución: a) 200 N. b) 40 N. c) 144 N. d) 106 N. e) 200 N, 18 cm, 12 cm. f) 40 N, 1 m, 1'5 m.

Cálculo de fuerzas

6) Calcula estas fuerzas: a) La fuerza con la que se atraen dos cuerpos de 80 y 65 kg separadas 40 cm. G = 6'67·10$^{-11}$ $\dfrac{N\cdot m^2}{kg^2}$ . b) El peso de una persona de 90 kg en Plutón si g = 0'62 m/s$^2$. c) La fuerza de rozamiento en un plano horizontal de un cuerpo de 60 kg si el coeficiente de rozamiento es de 0'4. d) El empuje que experimenta un cubo de 30 cm de lado de densidad 0'8 g/ml si está sumergido el 90 %. e) La fuerza centrípeta que experimenta un coche loco de 200 kg si hace una circunferencia de 1'5 m de radio y va a 35 km/h.
Solución: a) 2'17·10$^{-6}$ N. b) 55'8 N. c) 240 N. d) 243 N. e) 1'26·10$^4$ N.

Muelles

7) Si a un muelle se le cuelga una masa de 200 g, se estira 3 cm. Calcula: a) Su constante elástica. b) Cuánto se estira si se le cuelgan 500 g. Solución: a) 66'7 N/m. b) 7'5 cm.

8) Un muelle mide 30 cm cuando se le aplica una fuerza de 3'6 N y 40 cm cuando se le aplica una fuerza de 5'6 N. Calcula su longitud inicial y su constante elástica.
Solución: 12 cm, 20 N/m.

9) Un muelle cuya constante elástica vale 150 N/m tiene una longitud de 35 cm cuando no se aplica ninguna fuerza sobre él. Calcula: a) La fuerza que debe ejercerse sobre el muelle para que su longitud sea de 45 cm. b) La longitud del muelle cuando se aplica una fuerza de 63 N.
Solución: a) 15 N. b) 77 cm.

10) Un muelle de 10 cm colgado del techo se estira 5 cm si se le cuelgan 300 g. Si se pone en el suelo, ¿cuál será su longitud final si se le colocan 500 g encima? Solución: 1'67 cm.

11) A partir de la siguiente gráfica, averigua la constante elástica del muelle. Averigua cuánto se estiraría el muelle si se le cuelgan 200 g.

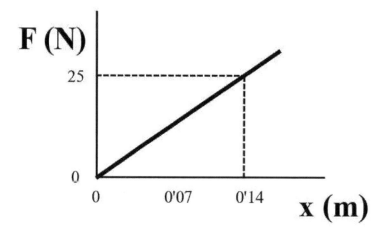

Solución: 179 N/m, 1'12 cm.

Planos horizontales

12) Un cuerpo de 50 kg se mueve a 20 km/h sobre una superficie horizontal. Calcula cuánto vale la fuerza de avance si el coeficiente de rozamiento vale 0'4. Solución: 200 N.

13) Un cuerpo de 70 kg parte del reposo y se pone a 100 km/h en 14 s. Calcula la fuerza aplicada si el coeficiente de rozamiento es 0'3. Solución: 349 N.

14) Un cuerpo de 60 kg descansa sobre una superficie horizontal de coeficiente de rozamiento 0'7. Calcula cuánto vale la fuerza de avance si recorre 100 m en 14 s.
Solución: 481 N.

15) Un camión de 2 toneladas se mueve a 120 km/h por una carretera con coeficiente de rozamiento 0'3. Calcula la fuerza de frenado que habría que aplicarle para: a) detenerlo en 6 s. b) detenerlo antes de pillar a una liebre a 50 m.
Solución: a) 5100 N. b) $1'62 \cdot 10^4$ N.

16) Un ciclista que con su bici pesa 75 kg, corre por un camino horizontal, adquiriendo en el primer minuto la velocidad de 36 km/h, partiendo del reposo. Si el coeficiente es 0'08, Calcula: a) La fuerza motriz constante desarrollada por el ciclista. b) Si una vez conseguida esta velocidad sigue sobre camino horizontal sin dar a los pedales, ¿qué distancia recorrerá antes de pararse? Solución: a) 72'5 N. b) 62'5 m.

Movimientos verticales

17) Una grúa levanta un cuerpo de 800 kg. Calcula: a) La tensión si sube a 3 m/s. b) La tensión si sube a 0'5 $m/s^2$. c) El tiempo que tarda en subir 10 m en los casos anteriores.
Solución: a) 8000 N. b) 8400 N. c) 3'33 s, 6'32 s.

18) Se quiere elevar un cubo cargado de cemento, de 20 kg de masa, utilizando una polea y una cuerda de masa despreciable. a) ¿Qué fuerza debe ejercer una persona para subirlo a velocidad constante? b) ¿Y si se quiere subir con una aceleración de 0'2 $m/s^2$ ?
Solución: a) 200 N. b) 204 N.

Poleas

19) Una polea tiene colgadas dos masas de 20 y 25 kg en sus extremos. Calcula: a) Cuánto tardaría la pesa mayor en bajar 6 m. b) La tensión de la cuerda. c) Cuánto tardarían en separarse las masas 6 m. Solución: a) 3'29 s. b) 222 N. c) 2'33 s.

Planos inclinados

20) Un cuerpo de 80 kg descansa en la base de un plano inclinado. Calcula qué fuerza horizontal paralela al plano hay que aplicarle al cuerpo para recorrer 10 m en 7 s partiendo del reposo. El coeficiente de rozamiento vale 0'6, $P_x = 514$ N, $P_y = 613$ N. Solución: 914 N.

21) ¿Qué fuerza paralela a un plano inclinado hay que aplicarle a un cuerpo de 10 kg para que suba con velocidad constante si $\mu = 0'34$? $P_x = 76'6$ N, $P_y = 64'3$ N. Solución: 98'5 N.

22) Un cuerpo de 180 kg se deja caer por un plano inclinado de 8 m de longitud. Si $P_x = 900$ N y $P_y = 1559$ N, calcula cuánto tiempo tardará en llegar a la base si $\mu = 0'25$. Solución: 2'37 s.

23) ¿Qué fuerza hay que aplicarle a un cuerpo de 50 kg para que baje a velocidad constante por un plano inclinado? Coeficiente de rozamiento: 0'2, $P_x = 321$ N y $P_y = 383$ N. Solución: 244 N.

24) Un cuerpo de 70 kg está en lo alto de un plano inclinado. Si le aplicamos una fuerza hacia abajo y paralela al plano de 200 N, calcula cuánto tiempo tardará en bajar el plano si la longitud del plano es 15 m. $P_x = 239$ N, $P_y = 658$ N, $\mu = 0'22$. Solución: 2'67 s.

Movimientos circulares

25) Un coche toma una curva de 40 m de radio. ¿A qué velocidad máxima la puede tomar sin salirse de ella si el coeficiente de rozamiento vale 0'6? Solución: 15'5 m/s.

26) Un camión de 2 ton circula a 120 km/h y va a coger una curva. ¿Qué radio mínimo debe tener la curva para que el camión no se salga de ella si $\mu = 0'4$? ¿Cuál es su aceleración normal para ese radio? ¿Y su fuerza centrípeta? Solución: 277 m, 4 m/s$^2$, 8000 N.

27) Un coche se mueve a 60 km/h en una curva de 70 m de radio. Si el coeficiente de rozamiento es 0'5, ¿se saldrá de ella? Solución: no.

Miscelánea

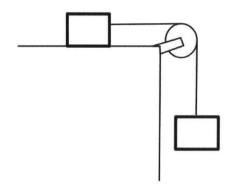

28) Calcula la aceleración y la tensión para:
$m_1 = 2$ kg
$m_2 = 5$ kg
$\mu = 0'35$
Solución: 6'14 m/s$^2$, 19'3 N.

# Cuestiones

1) Define: dinámica, fuerza, sistema, vector, magnitud escalar, magnitud vectorial, descomponer una fuerza, tensión y fuerza centrípeta.

2) Dibuja las fuerzas que actúan sobre estos cuerpos:

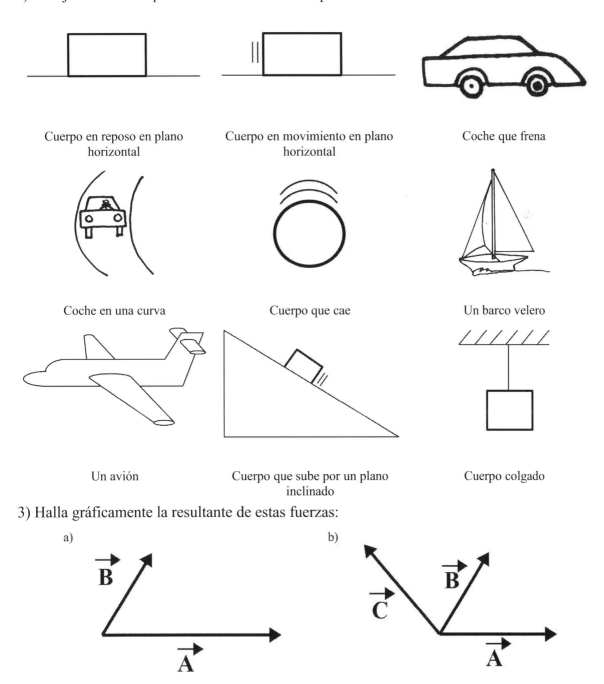

Cuerpo en reposo en plano horizontal

Cuerpo en movimiento en plano horizontal

Coche que frena

Coche en una curva

Cuerpo que cae

Un barco velero

Un avión

Cuerpo que sube por un plano inclinado

Cuerpo colgado

3) Halla gráficamente la resultante de estas fuerzas:

51

4) Tipos de magnitudes.

5) Componentes de un vector.

6) ¿Qué es un par de fuerzas? ¿Qué efecto produce sobre un cuerpo?

7) ¿En qué se diferencian la fuerza de la gravedad y el peso?

8) ¿De qué depende la fuerza electrostática?

9) ¿Cuál es el origen de la fuerza de rozamiento?

10) ¿De qué depende la fuerza magnética?

11) ¿Qué dice el teorema de Arquímedes?

12) ¿Por qué no debemos dibujar nunca la fuerza centrífuga?

13) Leyes de Newton.

14) Fenómenos explicados por la tercera ley de Newton.

15) Un astronauta ha salido a hacer una reparación en la nave. Se le rompe el cable que le sujetaba a la nave. ¿Cómo puede volver a ella si lleva una llave inglesa?

16) Si en el espacio hubiera rozamiento, ¿qué les pasaría a los satélites y a los planetas?

17) Si con un cañón lo bastante potente disparásemos un proyectil fuera de la Tierra, ¿qué le ocurriría al proyectil? ¿Y si lo lanzáramos horizontalmente desde la cima del Everest a una velocidad enorme?

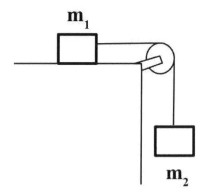

18) Para el sistema de la izquierda, determina:
a) La condición para que el sistema se mueva hacia la derecha con MRU.
b) La condición para que se mueva hacia la derecha con MRUA.
c) La condición para que se mueva hacia la izquierda con MRU.
d) La condición para que no se mueva.

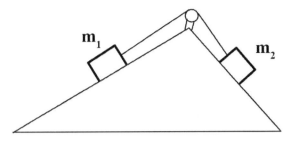

19) Determina la condición para que:
a) El sistema se mueva a la derecha con MRU.
b) Se mueva a la izquierda con MRU.
c) Se mueva a la derecha con MRUA.
d) Se mueva a la izquierda con MRUA.
e) No se mueva.

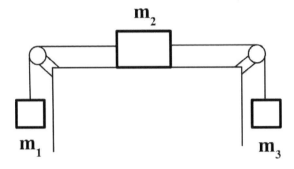

20) Determina la condición para que:
a) El sistema se mueva a la derecha con MRU.
b) Se mueva a la izquierda con MRU.
c) Se mueva a la derecha con MRUA.
d) Se mueva a la izquierda con MRUA.
e) No se mueva.

# TEMA 3: TRABAJO, ENERGÍA Y POTENCIA

**Esquema**

1. Senos, cosenos y tangentes.
2. El trabajo.
3. La potencia.
4. La energía.
5. Principio de conservación de la energía mecánica.
6. Fórmula del trabajo en función de las energías.


## 1. Senos, cosenos y tangentes

Sea un triángulo rectángulo como el de la figura:

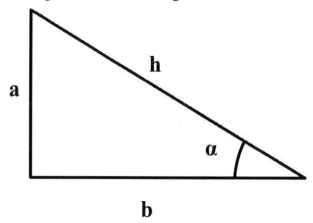

Definimos tres razones trigonométricas: el seno, el coseno y la tangente:

a) Seno: seno de alfa = $\dfrac{cateto\,opuesto}{hipotenusa}$  $\rightarrow$  $\operatorname{sen}\alpha = \dfrac{a}{h}$

De aquí se obtiene que:  $a = h\cdot\operatorname{sen}\alpha$  y que:  $h = \dfrac{a}{\operatorname{sen}\alpha}$

b) Coseno: coseno de alfa = $\dfrac{cateto\,contiguo}{hipotenusa}$  $\rightarrow$  $\cos\alpha = \dfrac{b}{h}$

De aquí se obtiene que: $b = h\cdot\cos\alpha$  y que:  $h = \dfrac{b}{\cos\alpha}$

c) Tangente: tangente de alfa = $\dfrac{cateto\ opuesto}{cateto\ contiguo}$ → tg $\alpha = \dfrac{a}{b}$

Ejemplo: calcula a si la hipotenusa vale 30 cm y el ángulo 50°.

$$a = h \cdot sen\ \alpha = 30 \cdot sen\ 50° = 23\ cm$$

Ejercicio 1: calcula b si la hipotenusa vale 60 cm y el ángulo 1'2 rad. Solución: 21'7 cm.

## 2. El trabajo

Sea una fuerza que forma un ángulo α con el sentido de desplazamiento:

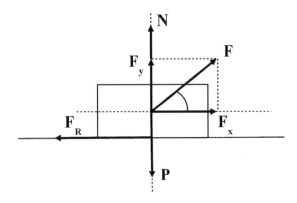

Cuerpo arrastrado por una fuerza F

En Física, el trabajo se define así:

$$W = F \cdot e \cdot cos\ \alpha$$

Trabajo

siendo:   W: trabajo realizado (J)
F: fuerza aplicada (N)
e: espacio recorrido (m)
cos α: coseno de alfa (sin unidades)
α: ángulo que forma la fuerza con el sentido desplazamiento (grados o rad)

Si la fuerza va en el mismo sentido que el cuerpo: α = 0, luego:

$$W = F \cdot e$$

Trabajo si la fuerza va en el mismo sentido que el cuerpo

Si no hay desplazamiento, no hay trabajo, por muy grande que sea la fuerza. Se puede hacer un esfuerzo físico sin realizar un trabajo.

Ejemplos: - Al mantener en el aire unas pesas no se realiza trabajo.
　　　　　- Al empujar una pared no se realiza trabajo.

Ejemplo: calcula el trabajo realizado sobre un cuerpo al que se le aplica una fuerza de 300 N formando 40° con el sentido de desplazamiento si se desplaza 12 m.

$$W = F \cdot e \cdot \cos \alpha = 300 \cdot 12 \cdot \cos 40° = 3600 \cdot 0'766 = 2760 \text{ J}$$

Ejercicio 2: calcula el trabajo realizado sobre un cuerpo al que se le aplica una fuerza de 120 N con un ángulo de $\pi/4$ si se desplaza 30 m. Solución: 2550 J.

Ejercicio 3: calcula el trabajo realizado sobre un cuerpo de 80 kg si el coeficiente de rozamiento es 0'3 y avanza 50 m en 3 s, partiendo del reposo. Solución: $5'64 \cdot 10^4$ J.

El trabajo también es el área de la gráfica F – e.

Ejemplo: determina el trabajo realizado por un cuerpo con esta gráfica:

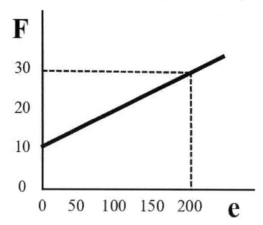

$$W = F \cdot e = A_1 + A_2 = 10 \cdot 200 + \frac{20 \cdot 200}{2} = 2000 + 2000 = 4000 \text{ J}$$

Ejercicio 4: determina el trabajo realizado por un cuerpo con esta gráfica:

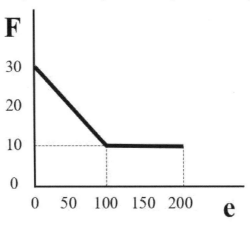

Solución: 3000 J.

# 3. La potencia

La potencia mecánica media de una fuerza es el trabajo realizado por unidad de tiempo:

$$Pot = \frac{W}{t}$$

Potencia en función del trabajo

siendo:        Pot: potencia (w, vatios)
               W: trabajo (J)
               t: tiempo (s)

Es decir: 1 vatio $= \dfrac{1\ julio}{1\ segundo}$

Cuando la velocidad es constante y se conoce, la potencia se puede calcular así:

$$Pot = \frac{W}{t} = \frac{F \cdot e}{t} = F \cdot \frac{e}{t} = F \cdot v$$

$$Pot = F \cdot v$$

Potencia en función de la velocidad

Otras unidades de potencia son el kilovatio (kw) y el caballo o caballo de vapor (CV).

Sus equivalencias son:

$$1 \text{ kW} = 1000 \text{ W} \quad ; \quad 1 \text{ CV} = 735 \text{ W}$$

Ejemplo: ¿qué potencia se aplica sobre un cuerpo al que se le aplica una fuerza de 500 N y que se mueve a 20 km/h?

$$v = 20 \ \frac{km}{h} = 5'56 \ \frac{m}{s} \quad ; \quad \text{Pot} = F \cdot v = 500 \cdot 5'56 = 2780 \text{ W}$$

---

Ejercicio 5: calcula la potencia del motor de un coche en CV si la masa del coche es 800 kg, parte del reposo y alcanza 120 km/h en 6 s. El coeficiente de rozamiento vale 0'25.
1 CV = 735 W. Solución: 146 CV.

---

## 4. La energía

La energía es la capacidad de realizar un trabajo que tiene un cuerpo. Se dice que un cuerpo tiene energía cuando puede realizar un trabajo.
Ejemplo: una bola que está en una montaña tiene energía porque puede rodar hacia abajo, lo cual supone un trabajo.

Tipos de energía
- Mecánica: la del movimiento
- Eléctrica: la de la corriente eléctrica
- Térmica: la del calor
- Luminosa o lumínica: la de la luz
- Química: la de las reacciones químicas
- Nuclear: la del núcleo atómico

La energía mecánica se clasifica en:

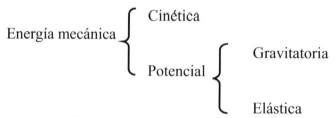

Energía mecánica
- Cinética
- Potencial
  - Gravitatoria
  - Elástica

- La energía mecánica es aquella que tiene un cuerpo gracias a su movimiento y a su posición.
- La energía cinética es aquella que tiene un cuerpo gracias a su movimiento.
- La energía potencial gravitatoria es la que tiene un cuerpo gracias a estar situado a una determinada altura.
- La energía potencial elástica es la que tiene un cuerpo elástico cuando está comprimido o estirado.

$$\boxed{E_M = E = E_c + E_p}$$

Energía mecánica

$$\boxed{E_c = \frac{1}{2} \cdot m \cdot v^2}$$

Energía cinética

$$\boxed{E_p = m \cdot g \cdot h}$$

Energía potencial gravitatoria

$$\boxed{E_p = \frac{1}{2} \cdot k \cdot x^2}$$

Energía potencial elástica

siendo:
        E: energía mecánica (J)
        Ec: energía cinética (J)
        Ep: energía potencial (J)
        m: masa (kg)
        g: aceleración de la gravedad ($10\ m/s^2$)
        h: altura (m)
        k: constante elástica (N/m)
        x: elongación (estiramiento o contracción) (m)

Otras unidades de energía son la caloría (cal) y el kilovatio hora (KW·h).
Equivalencias:  1 cal = 4'18 J   ;   1 KW·h = $3'6 \cdot 10^6$ J

---

Ejercicio 6: calcula la energía: a) De un coche de 800 kg a 100 km/h. b) De una piedra de 200 g a 300 m de altura. c) De un muelle de contante 4000 N/m comprimido 5 cm.
Solución: a) $3'09 \cdot 10^5$ J. b) 600 J. c) 5 J.

---

Para elevar un líquido a una determinada altura, la potencia mínima necesaria es:

$$Pot = \frac{W}{t} = \frac{m \cdot g \cdot h}{t} \quad \text{y la masa es: } m = d \cdot V$$

Ejemplo: un motor de 2 CV se emplea para subir agua a un depósito que está a 12 m de altura. ¿Cuántos $m^3$ podrá subir en una hora?

$$Pot = 2\ CV \cdot \frac{736\,W}{1\,CV} = 1472\ W \;\; ; \;\; Ppt = \frac{W}{t} = \frac{m \cdot g \cdot h}{t} \;\; \rightarrow \;\; m = \frac{Pot \cdot t}{g \cdot h} =$$

$$= \frac{1472 \cdot 3600}{10 \cdot 12} = 4'42 \cdot 10^4\ kg \;\; ; \;\; V = \frac{m}{d} = \frac{4'42 \cdot 10^4\,kg}{1\,\frac{kg}{L}} = 4'42 \cdot 10^4\ L = 44'2\ m^3$$

Ejercicio 7: mediante una bomba hidráulica se pretende subir 5 m³ por hora a un piso situado a 15 m de altura. ¿De qué potencia mínima en CV debe ser la bomba? ¿Y si la eficacia es del 80 %? 1 CV = 736 W. Solución: 0'283 CV, 0'354 CV.

## 5. Principio de conservación de la energía mecánica

El principio de conservación de la energía dice así: "La energía ni se crea ni se destruye, sólo se transforma". Este principio se cumple siempre.

El principio de conservación de la energía mecánica dice así: "Cuando un cuerpo se mueve gracias a fuerzas conservativas, la energía mecánica permanece constante". Las fuerzas conservativas son el peso, la fuerza de la gravedad y la fuerza elástica.

Ejemplos: la energía mecánica se conserva: en el billar, en un cuerpo que cae por un plano inclinado, en muelles, en un cuerpo que cae, en un cuerpo que se lanza hacia arriba, en armas de fuego, etc.

a) En sistemas sin rozamiento:

La expresión del principio de conservación de la energía mecánica es:

$$E_1 = E_2$$

Principio de conservación de la energía en sistemas sin rozamiento

siendo: $E_1$: energía mecánica inicial (J)

$E_2$: energía mecánica final (J)

Ejemplo: Un cuerpo cae desde 20 m de altura. ¿Con qué velocidad llegará al suelo?

$E_1 = E_2$ . En el punto inicial tiene sólo energía potencial y en el final, sólo cinética.

$$m \cdot g \cdot h = \frac{1}{2} \cdot m \cdot v^2 \quad ; \quad 2 \cdot g \cdot h = v^2 \quad ; \quad v = \sqrt{2 \cdot g \cdot h} = \sqrt{2 \cdot 10 \cdot 20} = \sqrt{400} = 20 \ \frac{m}{s}$$

Ejercicio 8: desde 5 m de altura, se deja caer un cuerpo de 20 kg sobre un muelle. Si la constante elástica vale $1'25 \cdot 10^6$ N/m. Calcula cuánto se comprimirá el muelle.
Solución: 4 cm.

b) En sistemas con rozamiento:

Si el sistema tiene rozamiento, el principio de conservación tiene esta expresión:

$$E_1 = E_2 + W_R$$

Principio de conservación de la energía
cn sistemas con rozamiento

siendo:
$E_1$: energía mecánica inicial (J)
$E_2$: energía mecánica final (J)
$W_R$: trabajo de rozamiento (J)

El trabajo de rozamiento se calcula así:

$$W_R = F_R \cdot e$$

Trabajo de rozamiento

siendo:
$F_R$: fuerza de rozamiento (J)
e: espacio recorrido (m)

Ejemplo: Un cuerpo circula a 50 km/h. Si el coeficiente de rozamiento es 0'4, calcula el espacio recorrido hasta detenerse.

$$E_1 = E_2 + W_R \quad ; \quad \frac{1}{2} \cdot m \cdot v^2 = 0 + \mu \cdot m \cdot g \cdot e \quad ; \quad v_1 = 13'9 \ \frac{m}{s}$$

$$e = \frac{v^2}{2 \cdot \mu \cdot g} = \frac{13'9^2}{2 \cdot 0'4 \cdot 10} = 24'2 \text{ m}$$

Ejercicio 9: un ciclista y su bicicleta pesan 120 kg. Bajan un puerto de montaña de 900 m de altura. Si la fuerza de rozamiento es de 80 N, calcula la velocidad al llegar abajo si el espacio recorrido es de 1200 metros. Solución: 128 m/s.

# 6. Fórmula del trabajo en función de las energías

El trabajo realizado por un cuerpo o sobre un cuerpo, también se puede calcular en función de las energías inicial y final:

$$W = E_2 - E_1 + W_R$$

Trabajo en función de las energías

Ejemplo: un cuerpo circula a 20 km/h sobre un terreno de coeficiente de rozamiento 0'25. Le aplicamos una fuerza y alcanza 50 km/h en 7 s. Si el cuerpo tiene una masa de 60 kg, calcula el trabajo realizado.

$$W = E_2 - E_1 + W_R = \frac{1}{2} \cdot m \cdot v_2^2 - \frac{1}{2} \cdot m \cdot v_1^2 + \mu \cdot m \cdot g \cdot e$$

$$v_1 = 5'56 \ \frac{m}{s} \ ; \ v_2 = 13'9 \ \frac{m}{s}$$

$$a = \frac{v_2 - v_1}{t_2 - t_1} = \frac{13'9 - 5'56}{7 - 0} = 1'19 \ \frac{m}{s^2}$$

$$e = v_1 \cdot t + \frac{1}{2} \cdot a \cdot t^2 = 5'56 \cdot 7 + \frac{1}{2} \cdot 1'19 \cdot 49 = 68'1 \ m$$

$$W = \frac{1}{2} \cdot 60 \cdot 13'9^2 - \frac{1}{2} \cdot 60 \cdot 5'56^2 + 0'25 \cdot 60 \cdot 10 \cdot 68'1 = 15.100 \ J$$

---

Ejercicio 10: un cuerpo de 80 kg está en reposo, acelera y recorre 50 m en 3 s. Calcula el trabajo realizado si el coeficiente de rozamiento es 0'2. Solución: $5'24 \cdot 10^4$ J.

---

Ejercicio 11: un cuerpo de 50 kg parte del reposo. Se le empuja y recorre 100 m en 20 s. Si el coeficiente de rozamiento es 0'25, calcula el trabajo por las dos fórmulas.
Solución: $1'5 \cdot 10^4$ J.

# PROBLEMAS Y CUESTIONES DE TRABAJO Y ENERGÍA

## Problemas

### Senos, cosenos y tangentes

1) Un triángulo rectángulo tiene un ángulo de 30°. Calcula los tres lados y los tres ángulos si el lado más pequeño mide 20 cm. Solución: 30°, 60°, 90°, 20 cm, 34'6 cm, 40 cm.

2) Un triángulo rectángulo tiene un ángulo de 40°. Calcula los tres lados y los tres ángulos si el cateto mayor mide 60 cm. Solución: 40°, 50°, 90°, 50'3 cm, 60 cm, 78'3 cm.

### Trabajo

3) Calcula el trabajo necesario para subir un cuerpo de 50 kg hasta 3 m de altura: a) A velocidad constante. b) A la aceleración constante de 2 $m/s^2$. Solución: a) 1500 J. b) 1800 J.

4) Un cuerpo circula a 20 km/h sobre un terreno en el que el coeficiente de rozamiento es 0'25. Le aplicamos una fuerza y alcanza 50 km/h en 7 s. Si el cuerpo tiene una masa de 60 kg, calcula el trabajo realizado por las dos fórmulas del trabajo. Solución: $1'51 \cdot 10^4$ J.

5) Por un suelo horizontal de coeficiente de rozamiento 0'35 arrastramos un cuerpo de 80 kg a lo largo de 100 m hasta adquirir 120 km/h, partiendo del reposo. Calcula el trabajo realizado si la fuerza es horizontal. Solución: 72.300 J.

6) Queremos subir 70 kg hasta una altura de 5 m. ¿Qué fuerza mínima y qué trabajo se realizará en los siguientes casos: a) Con una polea. b) Con un plano inclinado 30°. Rozamiento: nulo. $P_x$ = 350 N. ¿Cuáles son las diferencias entre ambos casos?
Solución: a) 700 N, 3500 J. b) 350 N, 3500 J.

7) Un cuerpo de 30 kg se arrastra por una superficie horizontal de coeficiente 0'35 hasta alcanzar 80 km/h en 14 s. Calcula el trabajo de cada una de las fuerzas:
Solución: $W_F$: $2'38 \cdot 10^4$ J, $W_{FR}$: $-1'64 \cdot 10^4$ J, N: 0, P: 0.

### Potencia

8) Un coche de 900 kg sube una pendiente a 30 km/h. ¿Qué potencia desarrolla su motor?
Datos: $\mu$ = 0'3, N = 8901 N, h = 20 m, $P_x$ = 1350 N. Solución: $3'35 \cdot 10^4$ W.

9) Un cuerpo de 60 kg parte del reposo, acelera y alcanza 80 km/h en 7 s. El coeficiente de rozamiento es 0'26. Calcula la potencia desarrollada por el motor en ese tiempo si la fuerza de avance es horizontal. Solución: 3840 W.

10) ¿Qué energía desarrolla un motor de 0'2 CV de potencia en una hora? ¿En cuánto tiempo subirá un paquete de 100 kg a 50 m a velocidad constante? 1 CV = 736 W.
Solución: $5'3 \cdot 10^5$ J, 340 s.

11) Un motor eleva una carga de 500 kg a 50 m de altura en 25 s. Calcula la potencia desarrollada si: a) Sube a velocidad constante. b) Parte del reposo.
Solución: a) 10.000 W. b) 10.200 W.

12) Un automóvil de 800 kg de masa acelera desde 30 a 100 km/h en 8 s. Calcula: a) La variación de energía cinética del automóvil en ese tiempo. b) El trabajo realizado por el motor. c) La potencia desarrollada por el vehículo, expresada en CV. 1 CV = 736 W.
Solución: a) $2'81 \cdot 10^5$ J. b) $2'81 \cdot 10^5$ J. c) 47'7 CV.

Gráficas

13) Averigua el trabajo realizado sobre un cuerpo con esta gráfica:
a) A los 30 m. b) A los 50 m.

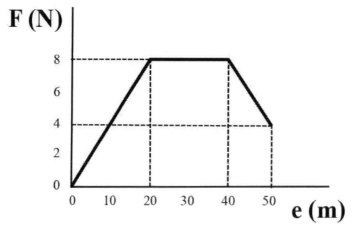

Solución: a) 160 J. b) 260 J.

Trabajo y potencia con líquidos

14) En una central hidroeléctrica se aprovecha la energía de un salto de agua de 25 m de altura con un caudal de 20 $m^3$ de agua por segundo. Sólo se transforma en energía eléctrica el 40 % de la energía potencial del agua, ¿Qué potencia suministra la central?
Solución: $2 \cdot 10^6$ W.

15) Calcula la energía que consume una bomba hidráulica para elevar 2 m$^3$ de agua hasta una altura de 15 m. Si ese trabajo lo hace en 1 minuto, ¿cuál es su potencia en CV? 1 CV = 736 W. Solución: 3·10$^5$ J, 6'79 CV.

16) Queremos subir a 100 m de altura un caudal de agua de 400 L/min. ¿Qué potencia ha de tener la bomba si trabaja con un rendimiento del 60%? Solución: 1'11·10$^4$ W.

## Energías

17) Un camión de 10 toneladas marcha a 60 km/h bajando una pendiente a 50 m de altura. Calcula: a) Su energía mecánica. b) La cantidad de calor en kcal que producen sus frenos para detenerlo al final de la pendiente. Datos: 1 cal = 4'18 J.
Solución: a) 6'39·10$^6$ J. b) 1530 kcal.

18) Un avión de 80 ton vuela a 3 km de altura a 1000 km/h. Calcula su energía cinética, su energía potencial y su energía mecánica. Solución: 3'09·10$^9$ J, 2'40·10$^9$ J, 5'49·10$^9$ J.

19) Un coche de 1200 kg circula a 120 km/h por una carretera horizontal de coeficiente 0'35. a) Calcula su energía cinética. b) Calcula la potencia del motor en CV. c) Si sube por un plano inclinado 20° con la misma potencia, calcula su energía mecánica a 12 m de altura.
1 CV = 736 W, P$_x$ = 4100 N, N = 11.300 N. Solución: a) 6'65·10$^5$ J. b) 190 CV. c) 3'26·10$^5$ J.

20) Un muelle cuya constante elástica es 500 N/m es estirado 5 cm. ¿Qué fuerza le ha sido aplicada? ¿Cuánto vale la energía elástica adquirida por éste? Solución: 25 N, 0'625 J.

21) a) ¿Qué velocidad debería tener un coche de 1 ton para tener la misma energía que un camión de 20 ton a 80 km/h? b) Caerse por un precipicio de 100 m es lo mismo que chocar en horizontal ¿a qué velocidad? Solución: a) 357 km/h. b) 161 km/h.

## Principio de conservación de la energía

22) Se dispara verticalmente hacia arriba una bala a 400 km/h. Calcula: a) La altura máxima alcanzada. b) La velocidad a los 50 m de altura. Solución: a) 616 m. b) 106 m/s.

23) Un alpinista de 60 kg de masa realiza una ascensión de 100 m. Considerando que la energía potencial adquirida ha sido a expensas de su propia energía, calcula la cantidad de leche que debería tomar para reponerla suponiendo que el aprovechamiento de la alimentación es de un 80% y que 100 g de leche de vaca proporcionan 65'1 kcal.
1 cal = 4'18 J. Solución: 27'5 g.

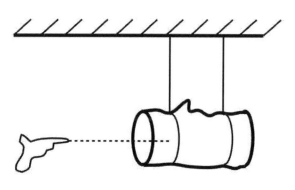

24) Se dispara una bala de 50 g a 700 km/h contra un tronco horizontal atado con dos cuerdas al techo. Si el tronco se balancea como un columpio, calcula la altura que alcanzará si su masa es de 200 kg, la bala penetra 3 cm en el tronco y la resistencia del tronco es 16.000 N.
Solución: 23 cm.

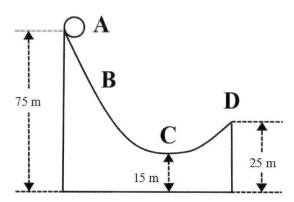

75 m

B

D

C

15 m

25 m

A

25) Se deja caer un objeto desde la parte superior de la pista de la figura.
a) ¿En qué punto (A, B, C o D) alcanzará la máxima velocidad y por qué?
b) ¿Cuánto valdrá esta?
c) ¿Qué altura máxima alcanzará la bola?
d) ¿Qué velocidad tendrá en el punto D?
Solución:
b) 34'6 m/s.
d) 31'6 m/s.

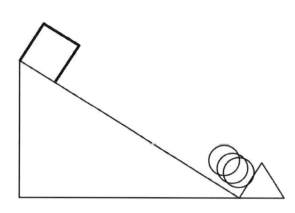

26) Un cuerpo de 90 kg se deja caer desde 8 m de altura. En la base del plano inclinado hay un muelle de constante $1'44 \cdot 10^6$ N/m.
$P_x = 516$ N, $N = 737$ N, $\alpha = 35°$, $\mu = 0'2$.
Calcula:
a) Cuánto se comprimirá el muelle.
b) La velocidad con la que saldrá el cuerpo del muelle.
c) La nueva altura alcanzada.
Solución: a) 8'45 cm. b) 10'7 m/s. c) 4'45 m.

27) Un muelle de constante $1'5 \cdot 10^5$ N/m está comprimido 20 cm y tiene adosado un cuerpo de 20 kg. Si se suelta el muelle, ¿qué distancia recorrerá el cuerpo hasta pararse si el coeficiente de rozamiento vale 0'3? ¿Qué velocidad tendrá al salir del muelle?
Solución: 50 m, 17'3 m/s.

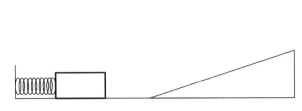

28) Un cuerpo de 40 kg está comprimiendo 12 cm un muelle de constante $2 \cdot 10^5$ N/m. Si el coeficiente de rozamiento es 0'25 y después de 5 m de plano horizontal hay un plano inclinado 30º, calcula:
a) La velocidad al salir del muelle.
b) La máxima altura alcanzada.
Datos: $P_x = 200$ N, N = 346 N.
Solución: a) 8'48 m/s. b) 1'64 m.

29) Un resorte cuya constante de deformación es 700 N/m se comprime 3 cm contra el suelo y se suelta bruscamente. Calcula la altura que alcanzará, así como la velocidad con que se separará del suelo sabiendo que su masa es de 15 g. Solución: 2'1 m, 6'48 m/s.

30) Un dulce tiene un poder calorífico de 227 kcal. Averigua qué distancia debe recorrer un deportista que ha ingerido ese dulce si el aprovechamiento de los alimentos por parte del organismo es del 80 % para quemar la energía correspondiente: a) Corriendo. b) En bicicleta. c) Andando. Datos: energía consumida por kilómetro: Corriendo: 80 kcal, en bici: 20 kcal, andando: 47 kcal. Solución: a) 2'27 km. b) 9'1 km. c) 3'86 km.

**Cuestiones**

1) Define: seno, coseno, energía, energía cinética y energía potencial.

2) ¿Cuándo puede ser nulo el trabajo físico?

3) Ejemplos de trabajos nulos donde haya esfuerzo físico.

4) Tipos de energía.

5) Tipos de energía mecánica.

6) Principio de conservación de la energía.

7) Principio de conservación de la energía mecánica.

8) Indica qué tipos de energía tienen estos cuerpos:
a) Un vagón de una montaña rusa.
b) Una piedra en un tirachinas.
c) Un cuerpo en lo alto de un plano inclinado en reposo.
d) Un cuerpo bajando un plano inclinado.
e) Un cuerpo tocando un muelle al bajar un plano inclinado.
f) Un cuerpo que ha comprimido al máximo un muelle.
g) Una flecha en un arco tenso.

# TEMA 4: CALOR Y TEMPERATURA

**Esquema**

1. Introducción.
2. Efectos del calor sobre los cuerpos.
3. Escalas de temperatura.
4. Calorimetría.
5. Propagación del calor.

## 1. Introducción

No es lo mismo calor que temperatura. La energía térmica es el nivel de agitación que tienen las moléculas de un cuerpo. La temperatura es una magnitud que indica la energía térmica de un cuerpo. El calor es una forma de transferir energía desde los cuerpos más calientes hasta los más fríos.

El calor no está nunca almacenado, sino en movimiento, pasando de los cuerpos más calientes a los más fríos o transformándose en otro tipo de energía.

Ejemplo: la expresión "el agua está muy caliente porque tiene mucho calor" es incorrecta.

Ejercicio 1: transforma estas expresiones de tal forma que sean más correctas:
a) Hace calor. b) El banco del parque está caliente. c) Tengo mucho calor. d) Si el agua está muy caliente, está ardiendo. e) Cierra la ventana que entra mucho frío.

## 2. Efectos del calor sobre los cuerpos

La ganancia o pérdida de calor por parte de un cuerpo puede provocar uno o varios de estos fenómenos:
a) Aumento de la temperatura: las moléculas se mueven más rápido.
b) Disminución de la temperatura: las moléculas se mueven más lento.
c) Cambio de estado.

Los nombres de los cambios de estado son:

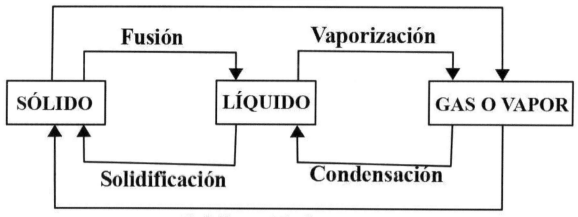

d) Reacción química: las más frecuentes son las siguientes:

* Combustión.

Ejemplo: si el alcohol se calienta mucho, se quema.

* Descomposición.

Ejemplo: si el agua se calienta mucho, se descompone.

e) Dilatación o contracción: todos los cuerpos se dilatan con el calor y se comprimen con el frío. La facilidad de dilatación y de contracción sigue este orden:

$$\text{Gas} > \text{Líquido} > \text{Sólido}$$

Se puede calcular la longitud que se ha dilatado un cuerpo mediante la expresión:

$$L = L_0 \cdot (1 + \alpha \cdot \Delta T)$$

Longitud de un cuerpo dilatado

siendo:  L: longitud final (m)

$L_0$ : longitud inicial (m)

$\alpha$ : coeficiente de dilatación lineal ($^{\circ}C^{-1}$)

$\Delta T$: incremento de temperatura ($^{\circ}C$)

Ejemplo: calcula cuánto se dilata una barra de aluminio de 2 m a 2 $^{\circ}C$ si se calienta hasta 45 $^{\circ}C$. Coeficiente de dilatación del aluminio: $2'4 \cdot 10^{-5}$ $^{\circ}C^{-1}$.

$$L = L_0 \cdot (1 + \alpha \cdot \Delta T) = 2 \cdot (1 + 2'4 \cdot 10^{-5} \cdot 43) = 2'002 \text{ m}$$
$$\Delta L = L - L_0 = 2'002 - 2 = 2 \cdot 10^{-3} \text{ m} = 2 \text{ mm}$$

Ejercicio 2: ¿a qué temperatura debería calentarse una barra de hierro de 5 m para que se dilatara 3 mm? Coeficiente de dilatación: $1'2 \cdot 10^{-5}$ $^{\circ}C^{-1}$. Solución: 50 $^{\circ}C$.

## 3. Escalas de temperatura

Una escala de temperatura es una recta donde se representan las temperaturas de forma ascendente. Para medir la temperatura, se utilizan tres escalas:

$$\text{Escalas de temperatura} \begin{cases} \text{Celsius o centígrada (°C)} \\ \\ \text{Kelvin o absoluta (K)} \\ \\ \text{Fahrenheit(°F)} \end{cases}$$

Fórmulas para las transformaciones:

$$T_K = T_C + 273$$

$$°C \xrightarrow{\hspace{5cm}} K$$

$$T_C = T_K - 273$$

$$T_F = \frac{9 \cdot T_C}{5} + 32$$

$$°C \xrightarrow{\hspace{5cm}} °F$$

$$T_C = \frac{5 \cdot (T_F - 32)}{9}$$

Ejemplo: transforma: 100°C en K y en °F.

$$T_K = T_C + 273 = 100 + 273 = 373 \text{ K}$$

$$T_F = \frac{9 \cdot T_C}{5} + 32 = \frac{9 \cdot 100}{5} + 32 = 9 \cdot 20 + 32 = 180 + 32 = 212 \text{ °F}$$

Ejercicio 3: transforma 600 °F en °C y K. Solución: 316 °C, 589 K.

# 4. Calorimetría

La calorimetría es la medida del calor. El calor se representa por Q y se mide en: cal, kcal, J o KJ. Las equivalencias entre estas unidades son:

$$1 \text{ kcal} = 1000 \text{ cal} \quad ; \quad 1 \text{ kJ} = 1000 \text{ J} \quad ; \quad 1 \text{ cal} = 4'18 \text{ J}$$

El signo del calor tiene su significado:

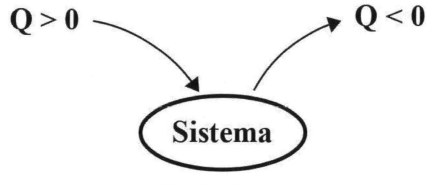

Signos del calor

Es decir: el calor que entra en un sistema es positivo y el que sale de un sistema es negativo.

El calor, Q, se puede calcular dependiendo del caso:

a) El calor sensible: es el calor que gana o pierde un cuerpo que no cambia de estado.

$$\boxed{Q = m \cdot c \cdot \Delta T}$$

Calor de calentamiento o de enfriamiento

siendo:   Q: calor (cal)

m: masa (g)

c: calor específico $\left( \dfrac{cal}{g \cdot ^{\circ}C} \right)$

$\Delta T$: incremento de temperatura $= T_2 - T_1$ (°C)

$T_1$: temperatura inicial (°C)

$T_2$: temperatura final (°C)

El calor específico es una propiedad de las sustancias que se define como la cantidad de calor necesaria para aumentar en 1 °C la temperatura de 1 g de sustancia.

Ejemplo: el calor específico de una sustancia vale 2 $\dfrac{cal}{g \cdot ^{\circ}C}$ . Esto significa que, para calentar 1 g de esa sustancia 1 °C, hay que darle 2 cal.

Ejemplo: ¿Qué cantidad de calor tenemos que darle a 250 g de agua a 15 °C para calentarla hasta 60°C? $C_{agua} = 1 \dfrac{cal}{g \cdot °C}$ .

$$Q = m \cdot c \cdot \Delta T = 250 \text{ g} \cdot 1 \ \dfrac{cal}{g \cdot °C} \cdot (60 - 15) \ °C = 11.250 \text{ cal}$$

Ejercicio 4: ¿qué calor debemos quitarle a 120 g de una sustancia para enfriarla de 60 a 25 °C si su calor específico es de 0'8 $\dfrac{cal}{g \cdot °C}$ ? Solución: – 3'36 cal.

b) El calor latente: es el calor que gana o pierde una sustancia cuando cambia de estado. La temperatura no cambia durante el cambio de estado.

$$Q = m \cdot L$$

Calor de cambio de estado

siendo:       Q: calor (cal)

L: calor latente de cambio de estado     $\left( \dfrac{cal}{g} \right)$

Ejemplo: el calor latente puede ser calor de fusión, calor de ebullición, etc.

El calor latente de cambio de estado, L, es la cantidad de calor necesaria para transformar 1 g de sustancia de un estado a otro.

Ejemplo: el calor latente de fusión del hielo es 80 cal/g. Esto significa que, para fundir 1 g de hielo, hacen falta 80 cal.

Ejemplo: sabiendo que el calor latente de ebullición del agua es 540 cal/g, calcula: a) La cantidad de calor que hay que darle a 300 g de agua líquida a 100 °C para transformarla en vapor. b) El calor necesario para pasar 300 g de vapor a agua líquida a 100 °C.

a) $Q = m \cdot L_{vaporización} = 300 \text{ g} \cdot 540 \ \dfrac{cal}{g} = 162.000$ cal.     b) $Q = - 162.000$ cal.

Ejercicio 5: si el calor latente de fusión del agua es de 80 cal/g, calcula el calor necesario para fundir 2 kg de hielo. Calcula también el calor necesario para congelar 2 kg de agua líquida. Solución: $1'6 \cdot 10^5$ cal, $- 1'6 \cdot 10^5$ cal.

c) Mezcla de sustancias a distintas temperaturas: el cuerpo de mayor temperatura pierde calor y se lo da al de menor temperatura hasta que los dos alcanzan la misma temperatura final. Se cumple que:

$$\boxed{Q_{ganado} = -\,Q_{perdido}}$$

Mezcla de sustancias

siendo:    $Q_{ganado}$: el calor ganado por el cuerpo que estaba más frío (cal)

   $Q_{perdido}$: el calor perdido por el cuerpo que estaba más caliente (cal)

Ejemplo: se mezclan 100 g de hielo a $-5$ °C con 200 g de agua a 70 °C. ¿Cuál es la temperatura final? $C_{hielo} = 0'5 \ \dfrac{cal}{g \cdot ^oC}$ , $L_{fusión} = 80 \ \dfrac{cal}{g}$

$$
\begin{array}{ccccccc}
& Q_1 & & Q_2 & & Q_3 & \\
\text{Hielo} & \longrightarrow & \text{Hielo} & \longrightarrow & \text{Agua(l)} & \longrightarrow & \text{Agua(l)} \\
-5\ ^oC & & 0\ ^oC & & 0^oC & & T
\end{array}
$$

$$
\begin{array}{ccc}
& Q_4 & \\
\text{Agua(l)} & \longrightarrow & \text{Agua(l)} \\
70^oC & & T
\end{array}
$$

$$Q_{ganado} = -\,Q_{perdido} \quad ; \quad Q_1 + Q_2 + Q_3 = -\,Q_4$$

$$Q_1 = m \cdot c \cdot \Delta T = 100 \cdot 0'5 \cdot (0 + 5) = 250 \text{ cal}$$

$$Q_2 = m \cdot L_{fusión} = 100 \cdot 80 = 8000 \text{ cal}$$

$$Q_3 = m \cdot c \cdot \Delta T = 100 \cdot 1 \cdot (T - 0) = 100 \cdot T \text{ cal}$$

$$Q_4 = m \cdot c \cdot \Delta T = 200 \cdot 1 \cdot (T - 70) = 200 \cdot T - 14000$$

$$250 + 8000 + 100 \cdot T = -200 \cdot T + 14000 \quad ; \quad 100 \cdot T + 200 \cdot T = 14000 - 250 - 8000$$

$$T = 19'2 \ ^oC$$

---

Ejercicio 6: se introduce una bola de cobre de 100 g y a 90 °C en 0'5 L de agua a 20 °C. ¿Cuál es la temperatura final? $C_{cobre} = 0'09 \ \dfrac{cal}{g \cdot ^oC}$ . Solución: 21'2 °C.

---

La mezcla de sustancias suele realizarse en un calorímetro. Un calorímetro es un aparato para la medida de calores específicos y para la medida del calor transferido de un cuerpo a otro. Es un vaso aislado térmicamente. Dispone de un termómetro y un agitador. Dentro de él se produce una transferencia de calor.

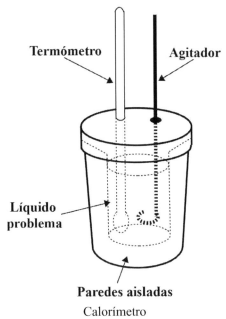

Calorímetro

Si mezclamos dos sustancias A y B a distintas temperaturas:

$$- Q_{\text{perdido por A}} = Q_{\text{ganado por B}} + Q_{\text{ganado por calorímetro}}$$

Primera ecuación del calorímetro

Ejemplo: en un calorímetro mezclamos 200 g de agua a 5 °C con 320 g de cobre a 620 °C. La temperatura final es de 80 °C. Calcula el calor que se lleva el calorímetro.

$$c_{\text{cobre}} = 0'092 \; \frac{cal}{g \cdot {}^{o}C}$$

$$- Q_{\text{perdido por A}} = Q_{\text{ganado por B}} + Q_{\text{ganado por calorímetro}}$$

$$- 320 \cdot 0'092 \cdot (80 - 620) = 200 \cdot 1 \cdot ( 80 - 5 ) + Q_{cal}$$

$$Q_{cal} = 320 \cdot 0'092 \cdot (620 - 80) - 200 \cdot 75 = 898 \; cal$$

Ejercicio 7: para determinar la capacidad calorífica de un calorímetro, se introducen 100 g de agua a 90 °C en un calorímetro a 60 °C. Si la temperatura final es de 85 °C, calcula la capacidad calorífica del calorímetro. Masa del calorímetro: 300 g. Solución: 0'0667 $\frac{cal}{g \cdot °C}$

El equivalente en agua de un calorímetro, k, es la cantidad de agua que absorbería el mismo calor que el calorímetro.

$$- Q_{\text{perdido por A}} = (m + k) \cdot c \cdot \Delta T$$

Segunda ecuación del calorímetro

Ejemplo: tenemos 150 g de agua a 18 °C en un calorímetro. Se introducen 70 g de agua caliente a 80 °C. Si la temperatura final es de 34 °C, calcula el equivalente en agua del calorímetro.

$$- Q_{\text{perdido por A}} = (m + k) \cdot c \cdot \Delta T \quad ; \quad - 70 \cdot 1 \cdot (34 - 80) = (150 + k) \cdot 1 \cdot (34 - 18)$$

$$k = \frac{70 \cdot (80 - 34)}{34 - 18} - 150 = 51'3 \text{ g}$$

Ejercicio 8: en un calorímetro con equivalente en agua de 51 g hay 150 g de agua a 12 °C. Se introducen 20 g de un trozo de cobre y la temperatura de equilibrio es de 21'3 °C. Averigua la temperatura a la que estaba el cobre si su calor específico es de 0'093 $\frac{cal}{g \cdot °C}$.
Solución: 1026 °C.

## 5. Propagación del calor

El calor se puede propagar de tres formas:
a) Conducción: consiste en que las moléculas vibran más rápidamente y transmiten su vibración a las moléculas vecinas. Se da sobre todo en los sólidos, especialmente en los metales. Los que conducen bien, se llaman buenos conductores y los que lo hacen mal, aislantes.
La velocidad de conducción depende de:
- La naturaleza de los cuerpos en contacto. Esto lo mide la conductividad eléctrica, k. Los de mayor conductividad eléctrica son los metales.
- La superficie en contacto: a mayor superficie, mayor velocidad de conducción.
- La diferencia de temperatura entre los dos cuerpos: a mayor diferencia, mayor velocidad.

b) Convección: consiste en el movimiento ascendente de corrientes calientes sobre las frías. El movimiento de calor es provocado por la diferencia de temperatura entre la parte de arriba y la de abajo. La convección se da principalmente en líquidos y gases. Si el recinto está cerrado, la corriente es cíclica.

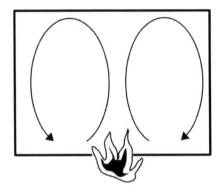

Corrientes de convección

c) Radiación: consiste en la propagación del calor mediante ondas electromagnéticas. Las ondas electromagnéticas son aquellas que no necesitan un medio físico para propagarse, es decir, que se propagan en el vacío.

Ejemplos: la luz visible, los infrarrojos, los rayos ultravioleta, las microondas, los rayos X, las ondas de radio, etc.

Todos los cuerpos emiten radiación, pero los calientes emiten más que los fríos, los rugosos más que los lisos y los oscuros más que los claros.

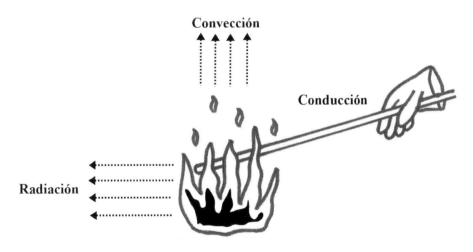

Formas de transmisión del calor

# PROBLEMAS DE CALOR Y TEMPERATURA

**Problemas**

Dilatación

1) Halla la longitud final de una varilla de cobre de 1'5 m a 20 °C que se calienta hasta 120 °C. Coeficiente de dilatación lineal: $1'7 \cdot 10^{-5}$ °C$^{-1}$. Solución: 1'503 m.

2) Calcula el estiramiento de un puente de hierro de 1 km si pasa de 5 °C en invierno a 42 °C en verano: a) En cm. b) En porcentaje. Coeficiente de dilatación lineal: $1'2 \cdot 10^{-5}$ °C$^{-1}$. Solución: a) 44'4 cm. b) 0'0444 %.

Transformación de temperaturas

3) Transforma 300 K en °C y °F. Solución: 27 °C, 80'6 °F.

4) Transforma 20 °C en K y °F. Solución: 293 K, 68 °F.

5) Transforma 120 °F en °C y K. Solución: 48'9 °C, 322 K.

Calor de calentamiento o de enfriamiento

6) Calcula la cantidad de calor en kcal necesaria para enfriar 50 g de agua desde 180 °C hasta – 10 °C. Solución: – 38'1 kcal.

| $c_{sólido}$ $\dfrac{cal}{g \cdot °C}$ | $c_{líquido}$ $\dfrac{cal}{g \cdot °C}$ | $c_{vapor}$ $\dfrac{cal}{g \cdot °C}$ | $L_{fusión}$ $\dfrac{cal}{g}$ | $L_{ebullición}$ $\dfrac{cal}{g}$ |
|:---:|:---:|:---:|:---:|:---:|
| 0'5 | 1 | 0'46 | 80 | 540 |

7) La temperatura de una barra de plata aumenta 10 °C cuando absorbe 1'23 kJ de calor. La masa de la barra es 525 g. Determina el calor específico de la barra. Exprésalo en:

a) $\dfrac{kJ}{kg \cdot °C}$   b) $\dfrac{J}{g \cdot °C}$   c) $\dfrac{cal}{g \cdot °C}$   d) $\dfrac{kcal}{kg \cdot °C}$

Solución: a) 0'234 $\dfrac{kJ}{kg \cdot °C}$ . b) 0'234 $\dfrac{J}{g \cdot °C}$ . c) 0'056 $\dfrac{cal}{g \cdot °C}$ . d) 0'056 $\dfrac{kcal}{kg \cdot °C}$ .

8) Transforma 20 $\dfrac{cal}{g \cdot {}^\circ C}$ en: a) $\dfrac{kcal}{kg \cdot {}^\circ C}$ . b) $\dfrac{J}{g \cdot {}^\circ C}$ . c) $\dfrac{kJ}{kg \cdot {}^\circ C}$ .

Solución: a) 20 $\dfrac{kcal}{kg \cdot {}^\circ C}$ . b) 83'6 $\dfrac{J}{g \cdot {}^\circ C}$ . c) 83'6 $\dfrac{kJ}{kg \cdot {}^\circ C}$ .

9) Calcula el calor necesario para calentar 200 g de una sustancia desconocida desde 12 °C hasta 160 °C a partir de estos datos:

| $c_{sólido}$ $\dfrac{cal}{g \cdot {}^\circ C}$ | $c_{líquido}$ $\dfrac{cal}{g \cdot {}^\circ C}$ | $c_{vapor}$ $\dfrac{cal}{g \cdot {}^\circ C}$ | $L_{fusión}$ $\dfrac{cal}{g}$ | $L_{ebullición}$ $\dfrac{cal}{g}$ |
|---|---|---|---|---|
| 0'8 | 0'94 | 0'3 | 120 | 350 |

Temperatura de fusión: 30 °C, temperatura de ebullición: 90 °C. Solución: 112 kcal.

10) Una piscina tiene de dimensiones: 10 m·5 m·1'5 m. Calcula: a) La masa de agua que contiene. b) El calor necesario para calentar el agua desde 10 °C hasta 22 °C. c) Cuánto nos costaría calentar el agua con electricidad si el precio del KW·h es 18 céntimos. 1 cal = 4'18 J. Solución: a) 75 ton. b) $9 \cdot 10^5$ kcal. c) 188 €.

Mezcla de sustancias

11) a) Se mezclan 250 g de agua a 17 °C con agua caliente a 50 °C. ¿Qué masa de esta última debemos tomar para tener un baño a 25 °C? b) En un recipiente hay 3 litros de agua a 20 °C. Se añaden 2 litros de agua a 60 °C. Calcula la temperatura de equilibrio.
Solución: a) 80 g. b) 36 °C.

12) Se mezclan 100 g de hielo a – 8 °C con 27'6 g de vapor a 130 °C. Calcula la temperatura final. Solución: 75'6 °C.

13) Se mezcla hielo a – 20 °C con 200 g de vapor a 130 °C. Determina la masa de hielo necesaria para que la temperatura final sea de 50 °C. Solución: 864 g.

14) Disponemos de un depósito cilíndrico de agua de 1'70 m de diámetro y 2 m de altura. a) ¿Qué masa de agua contiene? b) ¿Cuál es la temperatura final del agua si la inicial es 15 °C y se introduce un trozo de 1 kg de hierro a 1200 °C?
Calor específico del hierro: 0'113 cal/(g·°C). Solución: a) 4'54 ton. b) 15'02 °C.

Calorímetros

15) Un calorímetro de 55 g de cobre contiene 250 g de agua a 18 °C. Se introduce en él 75 g de una aleación a una temperatura de 100 °C, y la temperatura resultante es de 20'4 °C. Halla el calor específico de la aleación. El calor específico del cobre vale 0'093 cal/(g·°C)
Solución: 0'103 cal/(g·°C)

16) Un calorímetro tiene un equivalente en agua de 40 g. Tenemos 200 g de agua a 20 °C. Si se introducen 50 g de agua a 90 °C, averigua la temperatura final. Solución: 32'1 °C.

17) En un calorímetro se mezclan 200 g de agua a 20 °C con 300 g de alcohol a 50 °C. Si el calor específico del alcohol es de 2450 J/(kg·K) y el del agua 4180 J/(kg·K): a) Calcula la temperatura final de la mezcla suponiendo que el calorímetro no ha absorbido calor. b) Calcula las pérdidas si la temperatura final es de 30 °C. Solución: a) 34 °C. b) – 1516 cal.

18) En un calorímetro se realiza la combustión de 5 g de coque y se eleva la temperatura de 1 L de agua desde 10 °C hasta 47 °C. Halla el poder calorífico del coque si un 5 % del calor se pierde en el calorímetro. Solución: – 7790 cal/g.

19) Para averiguar el equivalente en agua de un calorímetro, introducimos 200 g de agua a 90 °C y, al cabo de unos minutos, se pone a 85 °C; la temperatura inicial de la habitación era 20 °C. Al día siguiente, introducimos 300 g de agua a 12 °C y 400 g de agua a 95 °C. Calcula la temperatura final. Solución: 58'4 °C.

20) En 3 litros de agua pura a la temperatura de 10 °C introducimos un trozo de hierro de 400 g que está a la temperatura de 150 °C. ¿Qué temperatura adquirirá el conjunto? El calorímetro tiene un equivalente en agua de 35 g.
Calores específicos: hierro: 0'489 J/(g·°C); agua: 4180 J/(kg·K)
Solución: 12'1 °C.

## Cuestiones

1) Define: calor, temperatura, energía térmica, calorimetría, calor específico, caloría, calor latente, calor sensible, calorímetro, equivalente en agua de un calorímetro, conducción, convección y radiación.

2) Escribe los pasos correspondientes a los siguientes procesos: a) Hielo a $-12\ °C$ pasa a vapor a $137\ °C$. b) Vapor a $300\ °C$ pasa a agua líquida a $24\ °C$.

3) Efectos del calor sobre los cuerpos.

4) ¿De qué factores depende la velocidad de conducción del calor?

5) Imagínate un aire acondicionado portátil que se le ha estropeado el ventilador. ¿Dónde hay que ponerlo: en el suelo o en el techo?

6) Imagínate una estufa eléctrica sin ventilador. ¿Dónde es mejor colocarla: en el suelo o en el techo?

7) ¿Emiten radiación los cuerpos fríos?

8) Imagínate que eres arquitecto. ¿Cómo podrías conseguir una casa fresquita en verano sobre los planos?

9) Escribe los pasos correspondientes a estos procesos:
a) La sustancia A pasa desde $15\ °C$ hasta $87\ °C$. $T_{fusión} = 20\ °C$, $T_{ebullición} = 34\ °C$.
b) Se mezcla hielo a $-2\ °C$ con vapor a $130\ °C$ y se obtiene agua líquida a $50\ °C$.

10) En algunas casas de techos altos, en invierno se ponen a funcionar los ventiladores de techo junto con las estufas. ¿Por qué?

11) a) ¿Qué ocurre si una botella de refresco la envolvemos en una toalla y la llevamos a la piscina en la mochila? b) ¿Por qué no pueden existir temperaturas por debajo de $0\ K = -273\ °C$? c) ¿Por qué un trozo de metal a $40\ °C$ parece más caliente que un trozo de madera a $40\ °C$? d) ¿Por qué un trozo de metal a $8\ °C$ parece más frío que un trozo de madera a $8\ °C$?

12) a) ¿Por qué se usan colores claros en verano y oscuros en invierno, desde el punto de vista práctico? b) ¿Qué significa que un cuerpo tiene un alto calor específico? c) ¿Qué significa que un cuerpo tiene una alta conductividad térmica? d) ¿Cómo son los calores específicos de los metales, altos o bajos? ¿Y las conductividades térmicas? e) ¿Cómo son los calores específicos de los aislantes, altos o bajos? ¿Y las conductividades térmicas?

# TEMA 5: LOS FLUIDOS

**Esquema**

1. Introducción.
2. Presión en los sólidos.
3. Presión en los líquidos.
4. Presión en los gases.
5. Principios y aplicaciones.
6. Explicaciones de fenómenos de fluidos.

## 1. Introducción

- Un fluido es un cuerpo cuyas moléculas pueden moverse con cierta libertad o con total libertad unas con respecto a otras.
- Es decir, son fluidos los líquidos y los gases.
- Los fluidos tienen una serie de propiedades moleculares:
a) Las fuerzas de atracción entre moléculas no son demasiado grandes.
b) Sus moléculas están medianamente separadas o muy separadas.
c) Sus moléculas se pueden mover por vibración, rotación o traslación.

- En el caso de los gases, las moléculas se mueven solas. En el caso de los líquidos, las moléculas se mueven en racimos de moléculas.
- Propiedades macroscópicas de los fluidos: las propiedades más destacables de un fluido son:
a) Densidad: es la masa por unidad de volumen. De media a alta en los líquidos y baja en los gases.
b) Viscosidad: es la resistencia que tiene un fluido a que sus moléculas se muevan unas con respecto a otras. Cambia con la temperatura: a mayor temperatura, menor viscosidad, el fluido fluye con menor resistencia. De media a alta en los líquidos y baja en los gases.
c) Tensión superficial: es la resistencia que opone un líquido a ampliar su superficie.
d) Capilaridad: capacidad que tienen los líquidos de subir o bajar lentamente por el interior de tubos finos.
e) Difusión: capacidad que tienen los fluidos de disolverse o de expandirse sin agitar por toda la masa de otro fluido.
f) Presión: es la fuerza ejercida por unidad de superficie. Se calcula de forma distinta para sólidos, líquidos o gases.
- Las unidades de presión y sus equivalencias son:

1 atm = 760 mm Hg = 760 torr = 76 cm Hg = 101300 Pa = 1013 hPa = 1'013 bar =
= 1013 mbar = 1'033 kg/cm$^2$

- La fórmula general de la presión es:

$$P = \frac{F}{S} \quad \rightarrow \quad 1 \, Pa = \frac{1 \, N}{1 \, m^2} \quad \text{o bien: } \quad Pa = \frac{N}{m^2}$$

Ejercicio 1: transforma: a) 200.000 Pa en atm. b) 800 mbar en mm Hg.
Solución: a) 1'97 atm. b) 600 mm Hg.

## 2. Presión en los sólidos

- La presión en los sólidos depende del peso y del área de contacto:

$$P = \frac{F}{S}$$

Presión de un sólido

Ejercicio 2: un ladrillo de 200 g tiene estas dimensiones: 20 cm·10 cm·3 cm. Calcula la presión en mm Hg ejercida cuando se apoya en cada una de sus caras.
Solución: 0'75 mm Hg, 5 mm Hg, 2'5 mm Hg.

## 3. Presión en los líquidos

- La presión en el interior de los líquidos y de los gases se ejerce siempre perpendicularmente a las superficies: a la de los cuerpos sumergidos y a la del recipiente.

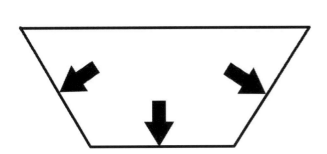 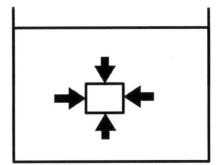

Presión dentro de los líquidos

- La presión hidrostática es la presión ejercida por un líquido en los puntos de su interior. Esa presión no es constante, sino que depende de la profundidad.
- La presión en los líquidos depende de la densidad del líquido y de la profundidad, pero no depende del peso del líquido.

$$P = d \cdot g \cdot h$$

Presión de un líquido

siendo:
P : presión (Pa)

d : densidad (kg/m$^3$)

g : aceleración de la gravedad = 9'8 $\frac{m}{s^2}$ ≈ 10 $\frac{m}{s^2}$

h : profundidad (m)

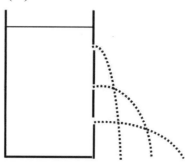

Presión y profundidad

Ejercicio 3: Calcula la presión en Pa, atm y mm Hg: a) A 3 m de profundidad. b) En la fosa de las Marianas, situada a una profundidad de 11 km. Densidad agua = 1'03 g/cm$^3$.
Solución: a) 3'09·10$^4$ Pa, 0'305 atm, 232 mm Hg. b) 1'13·10$^8$ Pa, 1118 atm, 8'5·10$^5$ mm Hg.

## 4. Presión en los gases

- La presión atmosférica es la fuerza que ejerce la atmósfera sobre cada metro cuadrado de superficie de la Tierra.
- La presión atmosférica disminuye con la altura.
- La presión atmosférica es directamente proporcional a la temperatura: a mayor temperatura, mayor presión. Por eso, los días más soleados suelen ser los de mayor presión.
- La presión atmosférica se mide con el barómetro y la presión dentro de un recipiente se mide con el manómetro.
- Los gases tienden a moverse de forma natural desde las zonas de mayor presión hasta las zonas de menor presión. Esto explica el viento.
- Hay diferencias de presión entre distintos puntos de la superficie de la Tierra porque hay diferencias de temperatura.
- Un anticiclón es una zona de la atmósfera donde la presión es mayor que en sus alrededores. Una depresión o borrasca es justo lo contrario. Generalmente, el anticiclón trae buen tiempo y la borrasca mal tiempo.

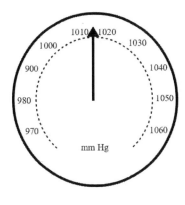

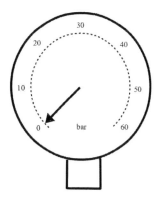

Barómetro                                    Manómetro

- La presión en los gases se calcula mediante la fórmula del gas ideal o gas perfecto:

$$P \cdot V = n \cdot R \cdot T$$

Fórmula del gas ideal o gas perfecto

siendo:        P : presión (atm)
               V : volumen (L)
               n : número de moles (moles)
               R : constante de los gases = 0'082 $\dfrac{atm \cdot L}{mol \cdot K}$
               T : temperatura absoluta (K)

Ejercicio 4: calcula el volumen de 2 moles de oxígeno a 25 ºC y 900 mm Hg.
Solución: 41'3 L.

## 5. Principios y aplicaciones

a) Paradoja hidrostática: si tenemos varios recipientes de formas diferentes, con la misma área de la base, llenos con el mismo líquido y hasta la misma profundidad, la presión en el fondo es igual para todos ellos y también la fuerza que ejerce el líquido sobre el fondo.

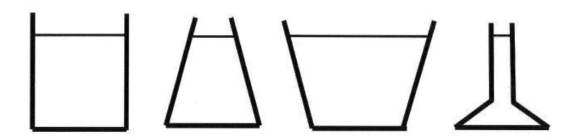

Paradoja hidrostática

b) Vasos comunicantes: si tenemos varios recipientes, con formas diferentes, comunicados por su parte inferior y conteniendo el mismo líquido, la altura del líquido es la misma en todos ellos.

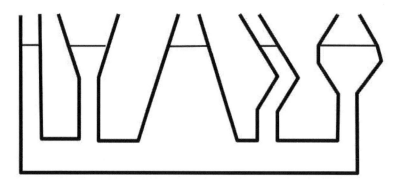

Vasos comunicantes

c) El tubo en U: este tubo puede utilizarse para medir la densidad de un líquido inmiscible con otro de densidad conocida. Inmiscibles significa que no se mezclan. Como las presiones en ambas ramas son iguales:

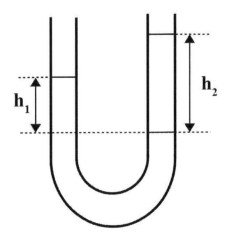

Tubo en U

$$P_1 = P_2 \;\rightarrow\; d_1{\cdot}g{\cdot}h_1 = d_2{\cdot}g{\cdot}h_2 \;\rightarrow\; \frac{d_1}{d_2} = \frac{h_2}{h_1}$$

---

Ejercicio 5: calcula la densidad de un aceite si la altura del agua en el tubo en U es de 12'4 cm y la del aceite es de 13'5 cm. Solución: 0'918 g/cm$^3$.

---

d) Principio de Pascal: la presión ejercida sobre un líquido se transmite a todos sus puntos en todas direcciones y con la misma intensidad.

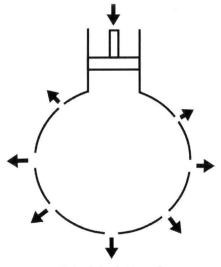

Principio de Pascal

e) Principio de Arquímedes: todo cuerpo sumergido en un fluido experimenta un empuje hacia arriba igual al peso de fluido desalojado.

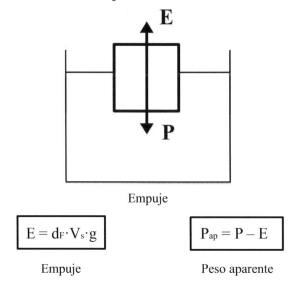

Empuje

$$E = d_F \cdot V_s \cdot g$$

Empuje

$$P_{ap} = P - E$$

Peso aparente

siendo:    $d_F$ : densidad del fluido (kg/m³)
$V_s$ : volumen sumergido (m³)
g : aceleración de la gravedad = 9'8 ≈ 10 m/s²

Ejercicio 6: calcula el empuje y el peso aparente de una esfera de 8 cm de radio y 120 gramos. Solución: 21'5 N, – 20'3 N.

Ejemplo: un globo de cumpleaños tiene una masa de 15 g. Se llena de helio hasta un diámetro de 40 cm. Averigua: a) El empuje. b) El peso aparente.
Densidad del helio: 0'178 kg/m³, densidad del aire: 1'2 g/L.

$$V = \frac{4}{3} \cdot \pi \cdot r^3 = \frac{4}{3} \cdot \pi \cdot 20^3 = 3'35 \cdot 10^4 \text{ cm}^3 \quad ; \quad m_{helio} = d \cdot V = 1'78 \cdot 10^{-4} \cdot 3'35 \cdot 10^4 = 5'96 \text{ g}$$

a) $E = d_F \cdot V_s \cdot g = 1'2 \cdot 3'35 \cdot 10^{-2} \cdot 10 = 0'402$ N

b) $P = m_T \cdot g = (0'15 + 5'96 \cdot 10^{-3}) \cdot 10 = 0'21$ N

$P_{ap} = P - E = 0'21 - 0'402 = - 0'192$ N

Ejercicio 7: un globo aerostático tiene 20 m³ de volumen. Si la densidad del aire frío es 1'19 g/L y la del aire caliente es 0'835 g/L, calcula el empuje y el peso aparente. ¿Cuál es el peso máximo que puede soportar el globo para que no descienda?
Solución: 238 N, – 71 N, 7'1 kg.

f) Principio de flotabilidad: un cuerpo flotará en un fluido si su densidad es menor.

- Si $d_{cuerpo} < d_{fluido}$ : el cuerpo flotará.
- Si $d_{cuerpo} = d_{fluido}$ : el cuerpo permanecerá sumergido sin moverse.
- Si $d_{cuerpo} > d_{fluido}$ : el cuerpo se hundirá.

En cuanto a fuerzas, un cuerpo flota cuando el empuje es igual al peso: $E = P$

Ejemplo: un cuerpo de 20 kg está flotando en agua. Averigua el volumen sumergido.

$$E = P \rightarrow d_F \cdot V_s \cdot g = m \cdot g \rightarrow d_F \cdot V_s = m \rightarrow V_s = \frac{m}{d_F} = \frac{20}{1000} = 0'02 \ m^3 = 20 \ L$$

---

Ejercicio 8: un prisma de 10 kg de dimensiones 50 cm·20 cm·12 cm está flotando en agua. Calcula la altura sumergida. Solución: 10 cm.

---

g) La prensa hidráulica: es una máquina que puede levantar grandes pesos gracias a una fuerza bastante menor. Utiliza el principio de Pascal y el de los vasos comunicantes.

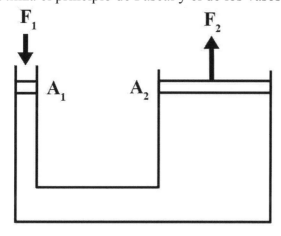

Prensa hidráulica

$$P_1 = P_2 \rightarrow \frac{F_1}{A_1} = \frac{F_2}{A_2}$$

Prensa hidráulica

---

Ejercicio 9: averigua qué fuerza debemos ejercer para levantar un coche de una tonelada si el área mayor de la prensa mide 8 $m^2$ y la menor mide 2800 $cm^2$. Solución: 350 N.

---

## 6. Explicaciones de fenómenos de fluidos

1) ¿Por qué los líquidos tienen superficie? ¿Por qué es horizontal?
Gracias a la tensión superficial. Las moléculas del agua se atraen y crean una película, la superficie. La superficie es horizontal porque la gravedad atrae por igual a todas las moléculas.

2) ¿Por qué algunos insectos flotan sobre el agua si tienen mayor densidad?
Porque la tensión superficial del agua impide que el insecto se hunda.

3) ¿Por qué las presas son más gruesas por la base?
Porque en los líquidos, la presión aumenta con la profundidad. La fuerza también aumenta con la profundidad y esa fuerza podría romper el dique si no fuera lo bastante grueso.

4) ¿Por qué, en ausencia de gravedad, los líquidos tienen forma de esfera?
Porque en ese caso, sólo actúan las fuerzas de cohesión del líquido y las fuerzas están dirigidas hacia el centro de la masa del líquido, adquiriendo forma esférica.

5) ¿Por qué corta tan bien un cuchillo afilado?
Porque la superficie del cuchillo es muy pequeña, por lo que la presión se hace enorme y el cuchillo puede cortar muy bien.

6) ¿Por qué no nos hundimos en la nieve blanda con raquetas en los pies?
Porque las raquetas aumentan la superficie de contacto y se disminuye de esta forma la presión sobre la nieve blanda.

7) ¿Por qué un clavo afilado se clava mejor que uno romo?
Porque al estar afilado, la superficie es muy pequeña y la presión se hace muy grande al golpear con el martillo.

8) ¿Por qué circula la savia por las plantas si no tienen un órgano para impulsarla?
Porque los vasos leñosos actúan como tubos capilares y la savia sube a las hojas y baja de ellas por capilaridad.

9) ¿Es constante la densidad de un líquido?
No, aumenta con la profundidad. Esto es apreciable para grandes profundidades.

10) ¿Por qué un líquido no cae de una cañita o pajita si el extremo superior está tapado con el dedo?
Para que un líquido caiga de un tubo no muy grueso, los dos extremos tienen que estar abiertos. Si el extremo superior no está abierto, el líquido no cae porque si cayera, se produciría un vacío en la parte superior.

11) ¿Por qué queda una cámara de aire dentro de un cubo cuando lo invertimos en una piscina?

Porque la presión del aire impide que el agua llegue hasta arriba.

12) ¿Por qué la superficie de un líquido es curva en contacto con el recipiente?

Porque las fuerzas de adhesión entre el líquido y el recipiente son mayores que las fuerzas de cohesión entre las moléculas del líquido.

13) ¿Por qué hay líquidos como el mercurio que no mojan?

Porque las fuerzas atractivas entre las moléculas del líquido son superiores a las fuerzas atractivas entre el sólido y el líquido.

14) ¿Por qué a veces al dar un portazo se cierra otra puerta y no se mueven los objetos de la habitación?

Gracias al principio de Pascal, la presión en un fluido se transmite por igual a todos los puntos del fluido. Al mover la puerta, cambiamos la presión del aire en el interior de la habitación, pero la presión en los objetos sólidos es igual y perpendicular en todos sus puntos, por lo que se compensa.

15) ¿Por qué un olor malo o bueno en un punto de una habitación acaba en toda la habitación?

Gracias a una propiedad llamada difusión. Los fluidos se difunden en el interior de fluidos del mismo tipo, es decir, los gases en los gases y los líquidos en los líquidos.

16) ¿Cómo podría romperse un tonel con una pequeña cantidad de agua?

Mediante un tubo largo colocado encima del tonel y añadiendo una relativamente pequeña cantidad de agua. Como la presión depende de la altura y no de la cantidad de líquido, el tonel reventaría por la gran altura.

17) ¿Qué son los hemisferios de Magdeburgo?

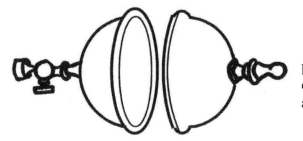

Son dos semiesferas que encajan perfectamente, en las que se hace el vacío y que resultan muy difíciles de separar debido a la fuerza que ejerce la atmósfera.

18) ¿Por qué la atmósfera no nos aplasta si pesa millones de toneladas?

Porque la presión dentro de los organismos vivos es aproximadamente igual a la atmosférica. Además, la presión se distribuye por todos los puntos del organismo vivo y no provoca una fuerza neta.

19) ¿Por qué las piernas se hinchan si nos mantenemos de pie mucho rato?
Porque la presión en los líquidos depende de la altura y el corazón no puede retirar toda la sangre que se acumula en las piernas en un tiempo prolongado.

20) ¿Cómo pueden los peces modificar su flotabilidad?
Gracias a la vejiga natatoria, que la llenan o vacían de aire procedente de la sangre.

21) ¿Por qué flota un barco de hierro si la densidad del hierro es mayor que la del agua de mar?
Porque el barco no es de hierro macizo, sino que hay muchas bodegas y camarotes llenos de aire. La densidad real del barco no es la densidad del hierro, sino inferior a la del agua.

22) ¿Por qué nos hundimos mucho en arena de playa seca y nos hundimos menos en arena de playa húmeda?
Porque la arena húmeda está cohesionada gracias a la tensión superficial del agua y la arena seca, no.

23) ¿Por qué un globo de helio asciende y después explota?
Asciende porque el helio tiene una densidad menor que la del aire y flota sobre él. El globo explota porque llega un momento en el que el globo se ha hinchado tanto que la goma no resiste un estiramiento tan grande. El globo se hincha porque la presión atmosférica va disminuyendo con la altura.

24) ¿Puede obtenerse aire líquido?
Sí, si lo sometemos a alta presión y enfriamos por debajo de – 194 ºC.

25) ¿Por qué gran parte del fondo marino está inexplorado?
Porque la presión a ciertas profundidades es enorme y hay pocos medios de transporte que aguanten esa presión. Puede aguantarla el batiscafo, que es un pequeño submarino. Además, la vasta extensión de los mares lo hace difícil de explorar, pues la exploración supone un alto coste.

26) ¿Por qué vuela un avión?
Porque las alas crean una diferencia de presiones entre la parte superior y la inferior del ala. Abajo es mucho mayor que arriba. El aire tiende a ascender en estas condiciones y se crea una fuerza de sustentación.

27) ¿Cómo se produce el viento?
El Sol calienta de forma distinta a distintos puntos de la Tierra. Las distintas temperaturas de la atmósfera tienen distintas presiones. El aire se mueve de forma espontánea desde los puntos de mayor presión hasta los de menor presión y el viento es el aire en movimiento.

28) ¿Para qué pueden utilizarse los vasos comunicantes?

Para suministrar agua a un edificio sin necesidad de bombas si el depósito se coloca a mayor altura que la casa.

29) ¿Por qué flotan tan bien las personas en el Mar Muerto?

Porque las aguas del Mar Muerto tienen un alto contenido en sal. Esto hace que la densidad del agua sea muy alta, parecida e incluso superior a la del cuerpo humano. En estas condiciones, nuestro cuerpo flota en esas aguas.

30) ¿Por qué a los patos no les llega el agua al cuello?

Porque los huesos de las aves son huecos, por la capa de grasa de la piel que les permite flotar con facilidad y porque sus plumas son hidrófugas, repelentes al agua.

# PROBLEMAS Y CUESTIONES DE FLUIDOS

## Problemas

Transformación de presiones

1) Transforma:
a) 600 mm Hg en atm y kg/cm$^2$.  b) 30 bar en atm y mm Hg.
1 atm = 760 mm Hg = 76 cm Hg = 1'013·10$^5$ Pa = 1013 mbar = 1'013 bar = 1'033 kg/cm$^2$
Solución: a) 0'789 atm, 0'816 kg/cm$^2$. b) 29'6 atm, 2'25·10$^4$ mm Hg.

Volúmenes de sólidos

2) Calcula los volúmenes de estos cuerpos:
a) Un cubo de 3 cm de largo.  b) Un prisma de 18 cm·10 cm·3 cm  c) Un cilindro de 4 cm de radio y 10 cm de altura.  d) Una esfera de 7 cm de radio.
Solución: a) 27 cm$^3$. b) 540 cm$^3$. c) 503 cm$^3$. d) 1440 cm$^3$.

Presiones en sólidos, líquidos y gases

3) Un prisma de hierro tiene una densidad de 7'87 g/cm$^3$ y unas dimensiones de:
10 cm·8 cm·2 cm. a) Calcula su masa. b) Calcula su peso. c) Calcula la presión sobre cada cara en mm Hg. a) 1260 g. b) 12'6 N. c) 11'8 mm Hg, 47'3 mm Hg, 59'1 mm Hg.

4) a) ¿Cuánto aumenta la presión en el mar cada 10 m en atmósferas? Densidad del agua marina: 1'027 kg/L. b) Los restos del Titanic se encuentran a una profundidad de 3800 m. Si la densidad del agua del mar es de 1,03 g/cm$^3$, determina la presión que soporta debida al agua del mar. ¿Está todavía la parejita en la proa con los brazos en cruz?
Solución: a) 1'01 atm. b) 386 atm.

5) Calcula la presión de un gas en un recipiente de 200 cm$^3$ y a 25 ºC si hay 0'3 moles.
Solución: 36'7 atm.

6) Determina la presión que ejerce un esquiador de 70 kg de masa sobre la nieve, cuando calza unas botas cuyas dimensiones son 30 cm·10 cm, aproximadamente un rectángulo. ¿Y si se coloca unos esquíes de 190 cm·12 cm? Solución: 0'115 atm, 0'0152 atm.

7) El tapón de una bañera es circular y tiene 5 cm de diámetro. La bañera contiene agua hasta una altura de 40 cm. Calcula la presión que ejerce el agua sobre el tapón y la fuerza vertical que hay que realizar para levantarlo. Solución: 4000 Pa, 7'85 N.

Aplicaciones

8) En un tubo en U hay aceite y agua. La altura del agua es de 10 cm y la del aceite 11'4 cm. a) ¿Cuál es la densidad del aceite? b) ¿Qué altura habría de mercurio en lugar de aceite? Densidad del mercurio: 13'6 g/cm$^3$. Solución: a) 0'877 g/cm$^3$. b) 0'735 cm.

9) Una prensa hidráulica tiene de secciones: 600 cm$^2$ y 10 m$^2$. ¿Qué masa máxima podemos levantar con 84 kg? Solución: 14 ton.

10) Calcula la altura que debe alcanzar un aceite en un recipiente para que, en el fondo del mismo, la presión sea igual a la debida a una columna de 0'15 m de mercurio. La densidad del aceite es 810 kg/m$^3$ y la del mercurio 13'6 g/cm$^3$. Solución: 2'52 m.

11) Mediante una prensa hidráulica queremos levantar un camión de 5000 kg. Si la sección grande es de 30 m$^2$, calcula la masa que debemos colocar en el émbolo pequeño si es circular y tiene medio metro de radio. Solución: 131 kg.

12) Un elevador hidráulico consta de dos émbolos de sección circular de 3 y 60 cm de radio, respectivamente. ¿Qué fuerza hay que aplicar sobre el émbolo menor para elevar un objeto de 2000 kg de masa colocado en el émbolo mayor? Solución: 50 N.

Sólidos sumergidos en líquidos y en gases

13) Un objeto de 30 kg tiene una densidad de 6 g/cm$^3$. Calcula el empuje y su peso aparente. Solución: 50 N, 250 N.

14) Un objeto de 200 cm$^3$ y 300 g de masa pesa 140 g cuando se introduce en un líquido. Calcula la densidad del líquido y la del sólido. Solución: 0'8 g/cm$^3$, 1'5 g/cm$^3$.

15) Determina si se hunde o flota en agua un objeto de 100 kg con un volumen de 80 dm$^3$. ¿Cuál sería su empuje y su peso aparente? Solución: se hunde, 800 N, 200 N.

16) Un prisma de 60 cm·40 cm·15 cm está sumergido 8 cm en agua. Calcula la densidad del prisma, el empuje y el peso aparente. Solución: 0'533 g/cm$^3$, 192 N, 0 N.

17) Se introduce una bola de cobre en un líquido de densidad desconocida. Si el radio de la bola es 1'5 cm y la densidad del cobre es de 8'96 g/ml y la balanza hidrostástica señala 1'14 N, calcula la densidad del líquido, el empuje y el peso aparente. Solución: 0'851 g/cm$^3$, 0'12 N, 1'14 N.

18) Un cilindro de 5 cm de altura y 2 cm de diámetro tiene una masa de 47'1 g. Calcula: a) Su densidad. b) Su peso aparente cuando se sumerge en agua. Solución: a) 3 g/cm$^3$. b) 0'314 N.

19) Un cubo de 307 g y 8 cm de lado está flotando en agua. Determina: a) Su densidad. b) La altura sumergida. c) Su empuje. d) Su peso aparente.
Solución: a) 0'6 g/cm$^3$. b) 4'8 cm. c) 3'07 N. d) 0 N.

20) Un prisma de madera de 70 cm·40 cm·30 cm de 0'5 g/cm$^3$ de densidad se coloca en los siguientes líquidos. Averigua la altura sumergida si el líquido es: a) Agua. b) Aceite. c) Mercurio. d) Yogur líquido. e) Whisky.
Densidades: Agua: 1, aceite: 0'8, mercurio: 13'6, yogur líquido: 1'1, whisky: 0'9352.
Solución: a) 15 cm. b) 18'7 cm. c) 1'10 cm. d) 13'6 cm. e) 16 cm.

21) Un trozo de mineral pesa 0'32 N en el aire y 0'20 N sumergido en agua. Calcula su volumen en cm$^3$ y su densidad. Solución: 12 cm$^3$, 2'67 g/cm$^3$.

22) Una piedra de 0,5 kg de masa tiene un peso aparente de 3 N cuando se introduce en el agua. Halla el volumen y la densidad de la piedra. Solución: 200 cm$^3$, 2'5 g/cm$^3$.

23) Un cilindro de aluminio tiene una densidad de 2700 kg/m$^3$, ocupa un volumen de 2 dm$^3$ y tiene un peso aparente de 12 N dentro de un líquido. Calcula la densidad del líquido.
Solución: 2'1 g/cm$^3$.

24) Tenemos una joya que nos han dicho que es de oro. Su masa es 4'9 g. Al sumergirla en agua su peso aparente es de 0'0441 N. ¿Es de oro puro? Densidad del oro: 19'3 g/cm$^3$.
Solución: no.

25) Mediante un dinamómetro se determina el peso de un objeto de 10 cm$^3$ de volumen obteniéndose 0'72 N. A continuación se introduce en un líquido de densidad desconocida y se vuelve a leer el dinamómetro que marca ahora 0'60 N ¿Cuál es la densidad del líquido en el que se ha sumergido el cuerpo? Solución: 1'2 g/cm$^3$.

26) Tenemos un objeto de 350 g y 2'8 g/cm$^3$. Si la densidad del aire es 1'2 g/L, calcula: a) Su volumen. b) El empuje en el aire. c) El empuje en el agua. d) Cuántas veces es mayor el empuje en el agua que en el aire. Solución: a) 125 cm$^3$. b) 1'5·10$^{-3}$ N. c) 1'25 N. d) 833.

Fluidos sumergidos en fluidos

27) Una burbuja de aire de 3 cm de diámetro está dentro del agua. Si la densidad del aire es 1'2 g/L, calcula: a) El volumen de la burbuja. b) La masa de la burbuja. c) El empuje. d) El peso aparente. ¿El aire pesa? Solución: a) 14'1 cm$^3$. b) 16'9 mg. c) 0'141 N. d) – 0'141 N.

28) Queremos llevar a la estratosfera una cápsula espacial de 20 kg. Para ello, utilizamos un globo de helio de 5 kg. ¿Cuál es el empuje mínimo necesario? ¿Cuál debe ser el diámetro del globo de helio para que la cápsula empiece a ascender?
Densidad del aire: 1'2 g/L, densidad del helio: 0'178 g/L. Solución: 294 N, 3'60 m.

29) Un globo aerostático tiene una masa de 200 kg. Si la densidad del aire frío es 1'2 g/L y la del aire caliente 0'8 g/L, calcula el volumen que debe tener el globo para que empiece a ascender. ¿Cuál es su empuje? ¿Y su peso aparente? Solución: 500 m$^3$, 6000 N, 0 N.

30) Para rescatar un barco de 5 ton hundido en el fondo marino, utilizamos unos globos de 7 kg llenos de aire y de 2 m$^3$ de capacidad. ¿Cuántos globos se necesitan como mínimo para subir el barco a la superficie? ¿Dónde está el tesoro de Barbanegra? Si la zona está infestada de tiburones, ¿quién va a ser el guapo?
Densidad del aire: 1'2 g/L. Densidad del agua marina: 1'03 kg/L. Solución: 3.

31) Se sumerge en agua un globo de 10 cm de radio lleno de aire. Si la densidad del aire es 1'2 g/L, calcula: a) El volumen del globo. b) La masa del globo si la goma es de 10 g. c) El peso aparente del globo. d) La masa que hay que atarle al globo para que no se escape del agua. Solución: a) 4190 cm$^3$. b) 15 g. c) – 41'8 N. d) 4'18 kg.

32) Una gota esférica de aceite de medio centímetro de diámetro está dentro del agua. Si la densidad del aceite es 0'8 g/cm$^3$, averigua: a) El volumen de la gota. b) La masa de la gota. c) Su empuje. d) Su peso aparente.
Solución: a) 0'0654 cm$^3$. b) 0'0523 g. c) 6'54·10$^{-4}$ N. d) – 1'31·10$^{-4}$ N.

**Cuestiones**

1) Define: fluido, viscosidad, tensión superficial, capilaridad, difusión, presión, presión hidrostática, presión atmosférica, anticiclón, borrasca, paradoja hidrostática, vasos comunicantes y principio de Pascal.

2) Propiedades microscópicas de los fluidos.

3) Propiedades macroscópicas de los fluidos.

4) ¿De qué depende la presión en los sólidos? ¿Y en los líquidos? ¿Y en los gases?

5) ¿Desde dónde hasta dónde se mueven los líquidos en cuanto a la altura de forma espontánea? ¿Y los gases? ¿Desde dónde hasta dónde se mueven los fluidos de forma espontánea en cuanto a la presión? ¿Qué hay que hacer para que se muevan en sentido contrario?

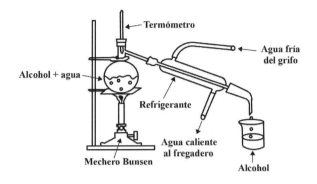

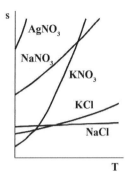

# QUÍMICA

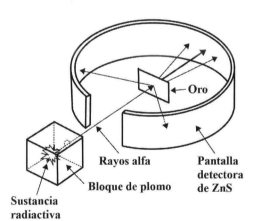

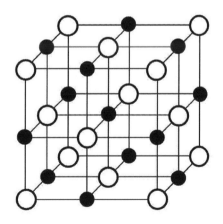

# TEMA 6: MATERIAL DE LABORATORIO

Pipeta graduada

Pipeta aforada

Émbolo para pipetas

Perilla de goma

Bureta

Matraz de fondo redondo

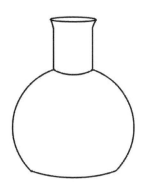
Matraz de fondo plano

Matraz aforado

Matraz de destilación

Erlenmeyer

Probeta

Frasco transparente

Frasco topacio

Vaso de precipitados

Cristalizador

Vidrio de reloj

Cápsula de porcelana

Crisol

Mortero

Tubos de ensayo

Tubo de centrífuga o cono
de centrífuga

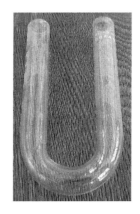

Tubo en U

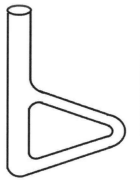

Tubo de Thiele

Cuentagotas

Vidrio plano

Frasco lavador

Mechero de alcohol

Mechero Bunsen

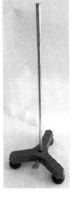
Soporte de hierro

Anillo de hierro

Pinza de doble nuez

Pinza para buretas

Bombona

Mariposa o palomilla

Tela metálica con centro de amianto

Trípode

Termómetros

Varilla de agitación

Papel de filtro

Triángulo para filtrar

Embudo de Buchner

Kitasato

Trompa de vacío

Triángulo de tierra pipa o de silimanita

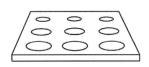
Placa de porcelana con excavaciones

Gradilla para tubos de ensayo

Soporte para pipetas

Desecador

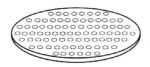
Disco de porcelana para desecadores

Pinza para crisoles

Pinza metálica para tubos de ensayo

Pinza de madera para tubos de ensayo

Tapones

Tapones horadados

Tubos acodados

Tubos rectos de vidrio

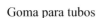
Goma para tubos

Cortatapones o taladratapones

Afilador para cortatapones

Tubo de seguridad

Escobillas o escobillones

Embudo de decantación

Refrigerante

Gafas protectoras

Mascarilla

Guantes de goma

Guantes térmicos

Espátula

Embudo

Balanza digital

Calorímetro

Cronovibrador

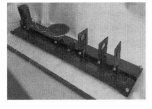

Banco óptico

Barómetro

Bobina

Contador digital

Fuente de alimentación

Diapasón

Dinamómetro

Densímetro

# TEMA 7: LA TABLA PERIÓDICA

En la tabla periódica están todos los elementos existentes ordenados por orden creciente de número atómico y de tal forma que en la misma columna haya elementos de propiedades parecidas.

Las columnas verticales se llaman grupos y las filas horizontales se llaman períodos. La tabla periódica o sistema periódico tiene siete períodos y 18 columnas.

Lo normal es aprenderse la tabla memorizando el primer período y el segundo período y, después, aprenderse todos los elementos por grupos.

Reglas mnemotécnicas para aprenderse los primeros de cada grupo:

Primer período: **H** y **He**

Segundo período: **LiBe**rate. **B**uen **C**azador **N**unca **O**lvida el **F**usil **N**egro.

Metales de transición:

E**Sc**óndete, **Ti**o, **V**ete **Co**rriendo.
**Mo**n te una **Fe**rretería **Co**n **Ni**colás y **COBRE Z**a**n**ahorias.

| Periodo | Grupo 1 ALCALINOS | Grupo 2 ALCALINO TÉRREOS | Grupo 3 GRUPO DEL ESCANDIO | Grupo 4 GRUPO DEL TITANIO | Grupo 5 GRUPO DEL VANADIO | Grupo 6 GRUPO DEL CROMO | Grupo 7 GRUPO DEL MANGANESO | Grupo 8 GRUPO DEL HIERRO | Grupo 9 GRUPO DEL COBALTO | Grupo 10 GRUPO DEL NÍQUEL | Grupo 11 GRUPO DEL COBRE | Grupo 12 GRUPO DEL CINC | Grupo 13 TÉRREOS | Grupo 14 CARBONOIDES | Grupo 15 NITROGENOIDEOS | Grupo 16 ANFÍGENOS /CALCÓGENOS | Grupo 17 HALÓGENOS | Grupo 18 GASES NOBLES/ INERTES |
|---|---|---|---|---|---|---|---|---|---|---|---|---|---|---|---|---|---|---|
| n = 1 | | | | | | | **H** HIDRÓGENO | | | | | | | | | | | **He** HELIO |
| n = 2 | **Li** LITIO | **Be** BERILIO | | | | | | | | | | | **B** BORO | **C** CARBONO | **N** NITRÓGENO | **O** OXÍGENO | **F** FLÚOR | **Ne** NEÓN |
| n = 3 | **Na** SODIO | **Mg** MAGNESIO | | | | | | | | | | | **Al** ALUMINIO | **Si** SILICIO | **P** FÓSFORO | **S** AZUFRE | **Cl** CLORO | **Ar** ARGÓN |
| n = 4 | **K** POTASIO | **Ca** CALCIO | **Sc** ESCANDIO | **Ti** TITANIO | **V** VANADIO | **Cr** CROMO | **Mn** MANGANESO | **Fe** HIERRO | **Co** COBALTO | **Ni** NÍQUEL | **Cu** COBRE | **Zn** ZINC/CINC | **Ga** GALIO | **Ge** GERMANIO | **As** ARSÉNICO | **Se** SELENIO | **Br** BROMO | **Kr** CRIPTÓN |
| n = 5 | **Rb** RUBIDIO | **Sr** ESTRONCIO | **Y** ITRIO | **Zr** CIRCONIO | **Nb** NIOBIO | **Mo** MOLIBDENO | **Tc** TECNECIO | **Ru** RUTENIO | **Rh** RODIO | **Pd** PALADIO | **Ag** PLATA | **Cd** CADMIO | **In** INDIO | **Sn** ESTAÑO | **Sb** ANTIMONIO | **Te** TELURO | **I** IODO/YODO | **Xe** XENÓN |
| n = 6 | **Cs** CESIO | **Ba** BARIO | **La** LANTANO | **Hf** HAFNIO | **Ta** TÁNTALO | **W** WOLFRAMIO | **Re** RENIO | **Os** OSMIO | **Ir** IRIDIO | **Pt** PLATINO | **Au** ORO | **Hg** MERCURIO | **Tl** TALIO | **Pb** PLOMO | **Bi** BISMUTO | **Po** POLONIO | **At** ASTATO | **Rn** RADÓN |
| n = 7 | **Fr** FRANCIO | **Ra** RADIO | **Ac** ACTINIO | | | | | | | | | | | | | | | |

# TEMA 8: FORMULACIÓN Y NOMENCLATURA INORGÁNICAS

## Esquema

1. Valencias y números de oxidación.
2. Reglas para formular.
3. Elementos químicos.
4. Óxidos.
5. Peróxidos.
6. Hidruros.
7. Hidróxidos.
8. Sales binarias.
9. Hidrácidos.
10. Oxoácidos.
11. Tabla resumen.


## 1. Valencias y números de oxidación

La valencia de un elemento es el número de enlaces que forma o que puede formar. Ejemplos:

| Fórmula normal (molecular) | $H_2O$ | $PCl_3$ | $CO$ |
|---|---|---|---|
| Fórmula con enlaces (desarrollada) | $H - O - H$ | $Cl - P - Cl$ <br> \| <br> $Cl$ | $C = O$ |
| Valencias: | H: 1 <br> O: 2 | P: 3 <br> Cl: 1 | C: 2 <br> O. 2 |

El número de oxidación de un elemento es la carga que tiene o que parece tener. Coincide numéricamente con la valencia pero, además, tiene carga.

En los ejemplos anteriores, los números de oxidación serían:

| Números de oxidación: | H: $+ 1$ <br> O: $+ 2$ | P: $+ 3$ <br> Cl: $- 1$ | C: $+ 2$ <br> O: $- 2$ |
|---|---|---|---|

Las valencias más comunes de los elementos más comunes son:

# METALES

Li, Na, K, Rb, Cs, Fr: 1

Be, Mg, Ca, Sr, Ba, Ra: 2

Cr: 2, 3, 6

Mn: 2, 3, 4, 6, 7

Fe, Co, Ni: 2, 3

Pd, Pt: 2, 4

Cu: 1, 2

Ag: 1

Au: 1, 3

Zn, Cd: 2

Hg: 1, 2

Al, Ga, In: 3

Tl: 1, 3

Sn, Pb: 2, 4

Bi: 3, 5

## SEMIMETALES O METALOIDES

B: 3

Si, Ge: 4

As, Sb: 3, 5

Te, Po: 2, 4, 6

# NO METALES

H: 1

N: 1, 2, 3, 4, 5

P: 3, 5

O: 2

S, Se: 2, 4, 6

F: 1

Cl, Br, I: 1, 3, 5, 7

C: 2, 4

Los números de oxidación más comunes de los elementos más comunes son:

## METALES

Li, Na, K, Rb, Cs, Fr: + 1

Be, Mg, Ca, Sr, Ba, Ra: + 2

Cr: +2, + 3, + 6

Mn: + 2, + 3, + 4, + 6, + 7

Fc, Co, Ni: + 2, + 3

Pd, Pt: + 2, + 4

Cu: + 1, + 2

Ag: + 1

Au: + 1, + 3

Zn, Cd: + 2

Hg: + 1, + 2

Al, Ga, In: + 3

Tl: + 1, + 3

Sn, Pb: + 2, + 4

Bi: + 3, + 5

## NO METALES

H: +1, − 1

N: + 1, + 2, + 3, + 4, +5, − 3

P: + 3, + 5, − 3

O:  − 1, − 2

S, Sc: + 2, + 4, + 6,  − 2

F: − 1

Cl, Br, I: + 1, + 3, + 5, +7, − 1

C: + 2, + 4, − 4

## SEMIMETALES O METALOIDES

B: + 3, − 3

Si, Ge: + 4, − 4

As, Sb: + 3, +5, − 3

Te, Po: + 2, + 4, + 6, − 2

## 2. Reglas para formular

a) Se combina un elemento con número de oxidación positivo con otro de número de oxidación negativo.

b) Se escribe primero el elemento más electropositivo y después el más electronegativo. El carácter electropositivo aumenta en este orden:

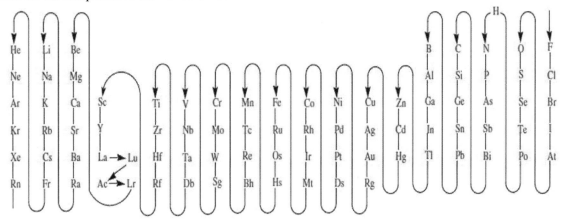

Es decir, se escribe primero el que esté más a la izquierda y después el que esté más a la derecha en la tabla periódica.

Ejemplo: el sodio y el cloro:  | ClNa | NaCl |
|---|---|
| Incorrecto | Correcto |

Ejemplo: el cloro y el oxígeno:  | $Cl_2O_3$ | $O_3Cl_2$ |
|---|---|
| Incorrecto | Correcto |

c) Se intercambian las valencias y se simplifica si se puede.

Ejemplo: el calcio y el oxígeno:    $Ca_2O_2 \rightarrow CaO$

## 3. Elementos químicos

Hay que conocer el nombre y el símbolo de los elementos de la tabla periódica. La mayoría de los elementos existen sólo en estado atómico. Unos pocos pueden existir como átomos o como moléculas. Son los siguientes: $H_2$, $N_2$, $O_2$, $O_3$ (ozono), $F_2$, $Cl_2$, $Br_2$, $I_2$, $P_4$, $S_8$.

Si el elemento no está en la lista anterior, se nombran con su nombre que aparece en la tabla periódica. Si el elemento está en la lista anterior, se nombra así:

* En estado atómico:      - (Elemento) atómico
                          - Mono(elemento)
* En estado molecular:    - (Elemento) molecular
                          - (Prefijo)(elemento)

Los prefijos correspondientes a los números del 1 al 10 son:

| Números | 1 | 2 | 3 | 4 | 5 | 6 | 7 | 8 | 9 | 10 |
|---|---|---|---|---|---|---|---|---|---|---|
| Prefijos | mono | di | tri | tetra | penta | hexa | hepta | octa | nona | deca |

Ejemplos: $F_2$: diflúor, F: flúor atómico o monoflúor.

> Ejercicio 1: a) Nombra: H, Fe, $H_2$, $P_4$
> b) Formula: azufre molecular, ozono, nitrógeno atómico, dicloro.

## 4. Óxidos

Fórmula general: MO o XO.
siendo:     M = metal o semimetal.
            X = no metal.
Son compuestos con oxígeno unido a cualquier elemento.
La nomenclatura es la acción de nombrar. Existen varios tipos:

Nomenclaturas
- IUPAC o sistemática: utiliza prefijos.
- Stock: utiliza números.
- Tradicional o antigua: acaba en oso o ico. Se usa poco actualmente.
- Común o común aceptada: sólo la tienen algunas sustancias.

a) Nomenclatura IUPAC.
(Prefijo numérico)óxido de (prefijo numérico)(elemento)

Ejemplos: FeO: monóxido de hierro
          $Fe_2O_3$: trióxido de dihierro
b) Nomenclatura de Stock.
Óxido de (elemento) (valencia en números romanos)

No hay que confundir valencia con subíndice. El subíndice es el número que tiene al lado el elemento. La valencia es el número que el elemento le ha dado al otro elemento y que tiene que estar en la tabla de valencias.

| Fórmula | Subíndice del Fe | Valencia del Fe |
|---|---|---|
| FeO | 1 | 2 |
| $Fe_2O_3$ | 2 | 3 |

Ejemplos:     FeO: óxido de hierro (II)
              $Fe_2O_3$: óxido de hierro (III)

Si el elemento tiene una única valencia, entonces no se escribe.

Ejemplo: $Al_2O_3$: óxido de aluminio.

| Ejercicio 2: completa la tabla: | | |
| --- | --- | --- |
| **Fórmula** | **IUPAC** | **Stock** |
| $Na_2O$ | | |
| | Pentaóxido de difósforo | |
| | | Óxido de antimonio (V) |
| $SO_3$ | | |
| | Dióxido de carbono | |

## 5. Peróxidos

Son compuestos con el oxígeno en la forma: $O_2^{2-}$. El oxígeno tiene valencia 1 y número de oxidación $-1$. Fórmula general: $MO_2$. Se nombran por la IUPAC y por la Stock.

Ejemplos:

| Compuesto | IUPAC | Stock | Común |
| --- | --- | --- | --- |
| $Li_2O_2$ | Dióxido de dilitio | Peróxido de litio | - |
| $CaO_2$ | Dióxido de calcio | Peróxido de calcio | - |
| $H_2O_2$ | Dióxido de hidrógeno | Peróxido de hidrógeno | Agua oxigenada |
| $Fe_2(O_2)_3$ | Triperóxido de dihierro | Peróxido de hierro (III) | - |

| Ejercicio 3: nombra: $Cs_2O_2$, $CuO_2$, $Ti_2(O_2)_3$, $MgO_2$, $Hg_2O_2$ |
| --- |

# 6. Hidruros

Son compuestos con H.     Tipos de hidruros
{
métalicos: MH

volátiles: XH,
siendo X = B, C, Si, Ge, N, P, As, Sb.
}

a) Hidruros metálicos. Fórmula general: MH. Se nombran igual que los óxidos, pero en lugar de óxido, se dice hidruro.

Ejemplo:

| Fórmula | IUPAC | Stock |
|---|---|---|
| $FeH_2$ | Dihidruro de hierro | Hidruro de hierro (II) |

b) Hidruros volátiles. Fórmula general: XH, siendo X = B, C, Si, Ge, N, P, As, Sb.
Valencia de X:  3, 4, 4,   4, 3, 3,   3,   3.
Se nombran por la IUPAC y mediante nombres comunes.

Ejemplo:

| Fórmula | IUPAC | Común |
|---|---|---|
| $NH_3$ | Trihidruro de nitrógeno | Amoniaco |

Los nombres comunes son:

$BH_3$ borano     $CH_4$ metano      $SiH_4$ silano          $NH_3$ amoniaco
$PH_3$ fosfano     $AsH_3$ arsano      $SbH_3$ estibano

Ejercicio 4: completa esta tabla:

| Fórmula | IUPAC | Stock | Común |
|---|---|---|---|
| $AuH_3$ | | | |
| | Dihidruro de magnesio | | |
| | | | Silano |
| | | Hidruro de cobre (II) | |
| $NH_3$ | | | |

114

# 7. Hidróxidos

Fórmula general: $M(OH)_x$ , siendo: $x = 1, 2, 3, 4, \ldots$ Son compuestos con el grupo OH, que tiene valencia 1.

Ejemplos: $LiOH$, $Fe(OH)_2$, $Fe(OH)_3$.

Se nombran por la IUPAC y la Stock, pero, en vez de óxido, se utiliza la palabra hidróxido.

Ejemplo:

| Fórmula | IUPAC | Stock |
|---------|-------|-------|
| $Fe(OH)_3$ | Trihidróxido de hierro | Hidróxido de hierro (III) |

Ejercicio 5: completa la tabla:

| Fórmula | IUPAC | Stock |
|---------|-------|-------|
| $LiOH$ | | |
| | Trihidróxido de níquel | |
| | | Hidróxido de plomo (IV) |
| $Al(OH)_3$ | | |
| | Dihidróxido de estaño | |

# 8. Sales binarias

Fórmula general: MX. Son compuestos con un metal y un no metal. En las sales binarias, los no metales utilizan su número de oxidación negativo:

| No metal | Número de oxidación |
|----------|---------------------|
| F, Cl, Br, I | $-1$ |
| S, Se, Te | $-2$ |
| N, P, As, Sb | $-3$ |
| C, Si | $-4$ |

Ejemplos: $CaF_2$, $Fe_3P_2$, $CaSe$.

Algunos no metales cambian de nombre en la sal binaria:

| No metal | Nombre de la sal |
|----------|------------------|
| Carbono | Carburo |
| Nitrógeno | Nitruro |
| Fósforo | Fosfuro |
| Arsénico | Arseniuro |
| Azufre | Sulfuro |

Ejemplo:

| Fórmula | IUPAC | Stock |
|---------|-------|-------|
| $Fe_3P_2$ | Difosfuro de trihierro | Fosfuro de hierro (II) |

Ejercicio 6: completa la tabla:

| Fórmula | IUPAC | Stock |
|---------|-------|-------|
| CaTe | | |
| | Disulfuro de estaño | |
| | | Bromuro de cinc |
| $Fe_3P_2$ | | |
| | Antimoniuro de aluminio | |

## 9. Hidrácidos

Los ácidos se caracterizan todos al formularlos porque empiezan por hidrógeno.

Hay dos tipos de ácidos: 
- Hidrácidos: no tienen oxígeno
- Oxoácidos: sí tienen oxígeno

116

Fórmula general de los hidrácidos: HX, siendo:

| X | F | Cl | Br | I | S | Se | Te |
|---|---|---|---|---|---|---|---|
| **Valencia** | 1 | 1 | 1 | 1 | 2 | 2 | 2 |

Se nombran como (Elemento X)uro de hidrógeno.

Ejemplo: HF: fluoruro de hidrógeno, $H_2S$: sulfuro de hidrógeno

Si el ácido está disuelto en agua, entonces se nombra y se formula de manera distinta. Se formula igual que antes pero añadiéndole a la fórmula (ac), indicando que está disuelto en medio acuoso. Ejemplo: HF(ac). Se nombran así: ácido (elemento X)hídrico.
Ejemplos: HF(ac): ácido fluorhídrico, HCl(ac): ácido clorhídrico.

Ejercicio 7: nombra: HBr(ac), HI(ac), $H_2S$(ac), $H_2Se$(ac), $H_2Te$(ac)

## 10. Oxoácidos

Fórmula general: HXO, siendo: X = B, C, Si, N, P, As, Sb, S, Se, Te, Cl, Br, I, Cr, Mn.

| Elemento | B | C | Si | N | P | As | Sb | S | Se | Te | Cl | Br | I | Cr | Mn |
|---|---|---|---|---|---|---|---|---|---|---|---|---|---|---|---|
| **Valencias en los oxoácidos** | 3 | 4 | | 1 3 5 | | 3 5 | | 2 4 6 | | | 1 3 5 7 | | | 6 | 4 6 7 |

Se utiliza aún mucho la tradicional para los oxoácidos por ser más breve y simple que otras.

Se nombran así: Ácido $\left\{ \begin{array}{l} \text{hipo} \\ \text{per} \\ \text{-} \end{array} \right\}$ (elemento X) $\left\{ \begin{array}{l} \text{ico} \\ \\ \text{oso} \end{array} \right.$

Ejemplos: ácido hipocloroso, ácido clórico.

117

Los prefijos hipo y per y los sufijos oso e ico se utilizan dependiendo del número de valencias del elemento:

| N° de valencias | Prefijos y sufijos | Ejemplo: Elemento y valencias | Nombres de los ácidos |
|---|---|---|---|
| 1 | – ico | C: 4 | - ácido carbónico |
| 2 | – oso, – ico | Sb: 3, 5 | - ácido antimonioso<br>- ácido antimónico |
| 3 | hipo – oso, – oso, – ico | S: 2, 4, 6 | - ácido hiposulfuroso<br>- ácido sulfuroso<br>- ácido sulfúrico |
| 4 | hipo – oso, – oso,<br>– ico, per – ico | Cl: 1, 3, 5, 7 | - ácido hipocloroso<br>- ácido cloroso<br>- ácido clórico<br>- ácido perclórico |

Tenemos dos casos:

a) Pasar de nombre a fórmula:
  - Se averigua la valencia del elemento X observando el prefijo y el sufijo.
  - El número de oxígenos es tal que, multiplicado por dos, supere a la valencia del elemento X.
  - El número de H se calcula así: n° de oxígenos · 2 – valencia de X.

Ejemplo: formula el ácido sulfúrico.
  - Como el nombre acaba en ico y las valencias del S son 3 (2, 4 y 6), ico corresponde a la tercera valencia. Es decir, la valencia es 6.
  - El número de oxígenos es 4, ya que $4 \cdot 2 = 8$, que es mayor que 6.
  - El número de hidrógenos es $4 \cdot 2 – 6 = 8 – 6 = 2$
    La fórmula pedida es $H_2SO_4$.

---

Ejercicio 8: formula: ácido hipocloroso, ácido brómico y ácido selenioso.

---

b) Pasar de fórmula a nombre:
  - Se averigua la valencia del elemento X así:
    Valencia de X = n° de oxígenos · 2 – n° de hidrógenos.
  - Dependiendo del número de valencias del elemento X, le ponemos el prefijo y el sufijo correspondientes.

Ejemplo: nombra el $H_2SeO_2$.
- Valencia de X $= 2 \cdot 2 - 2 = 4 - 2 = 2$
- El selenio (Se) tiene 3 valencias (2, 4 y 6). La valencia 2 es la primera de tres valencias, luego le corresponde, según la tabla, el prefijo hipo y el sufijo oso. El nombre es ácido hiposelenioso.

---

Ejercicio 9: nombra: $HIO_4$, $H_2SO_3$ , HClO, $H_2TeO_4$ .

---

Hay varios casos particulares:

$HMnO_4$: ácido permangánico          $H_2MnO_4$ : ácido mangánico

$H_2CrO_4$: ácido crómico          $H_2Cr_2O_7$: ácido dicrómico

$HNO_2$: ácido nitroso          $HNO_3$: ácido nítrico

## 11. Tabla resumen

| Compuesto | Fórmula | IUPAC | Stock | Tradicional |
|---|---|---|---|---|
| Óxido | MO o XO | (Prefijo)óxido de (prefijo).............. | Óxido de ........(valencia) | - |
| Peróxido | $MO_2$ o $M_2O_2$ | - Dióxido de (metal) <br> - Dióxido de di(metal) | Peróxido de ............ (valencia) | - |
| Hidróxidos | $M(OH)_a$ | (Prefijo)hidróxido de (prefijo)................ | Hidróxido de ......... (valencia) | - |
| Hidruros metálicos | MH | (Prefijo)hidruro de (prefijo).............. | Hidruro de ...........(valencia) | - |
| Hidruros volátiles | XH | (Prefijo)hidruro de (prefijo).............. | - | — |
| Sales binarias | MX | (Prefijo) (no metal)uro de (prefijo)(metal) | (No metal)uro de (metal) (valencia) | - |
| Hidrácidos | HX | - | - | ..............uro de hidrógeno |
| | HX(ac) | - | - | Ácido ...............hídrico |
| Oxoácidos | HXO | - | - | $\text{Ácido}\begin{Bmatrix}\text{hipo}\\\text{per}\\\text{-}\end{Bmatrix}\text{(elemento X)}\begin{Bmatrix}\text{oso}\\\\\text{ico}\end{Bmatrix}$ |

# PROBLEMAS DE FORMULACIÓN Y NOMENCLATURA INORGÁNICAS

**FORMULA:**

1) Óxido de litio
2) Hidróxido de potasio
3) Hidruro de cesio
4) Sulfuro de magnesio
5) Ácido sulfúrico
6) Nitruro de níquel
7) Trióxido de difósforo
8) Peróxido de estaño
9) Ácido clorhídrico
10) Dibromuro de plomo
11) Óxido de manganeso (VII)
12) Diyoduro de cobalto
13) Ácido clórico
14) Trióxido de dimanganeso
15) Ácido peryódico
16) Hidróxido de platino (IV)
17) Ácido hipocloroso
18) Pentaóxido de dinitrógeno
19) Óxido de azufre (VI)
20) Arsano
21) Amoniaco
22) Trihidruro de boro
23) Seleniuro de cobre (II)
24) Sulfuro de cobalto
25) Ácido selenhídrico
26) Telururo de cadmio
27) Hidróxido de estaño (IV)
28) Trihidróxido de boro
29) Ácido nítrico
30) Ácido clórico
31) Peróxido de mercurio (II)
32) Peróxido de estaño (IV)

**NOMBRA:**

33) $Al_2O_3$
34) $Sb_2O_3$
35) $CoH_3$
36) $BaF_2$
37) $CaI_2$
38) $Mn_2O_3$
39) $FeCl_3$
40) $LiOH$
41) $FrI$
42) $ZnH_2$
43) $H_2SO_2$
44) $H_2TeO_4$
45) $HIO_3$
46) $H_2SeO_3$
47) $H_2CO_3$
48) $BeO_2$
49) $Cu_2O_2$
50) $Cd(OH)_2$
51) $Ni(OH)_3$
52) $AlB$
53) $Ag_2S$
54) $ZnBr_2$
55) $MgI_2$
56) $SbH_3$
57) $CH_4$
58) $SiH_4$
59) $PtO_2$
60) $CrO_3$
61) $H_2Te$
62) $H_2Te(ac)$
63) $H_2TeO_3$
64) $H_2TeO_4$

**FORMULA:**

65) Monóxido de disodio
66) Monóxido de berilio
67) Cloruro de manganeso (VI)
68) Monóxido de calcio
69) Peróxido de estroncio
70) Hidruro de bario
71) Seleniuro de hierro (III)
72) Dihidróxido de hierro
73) Telururo de cinc
74) Dihidróxido de paladio
75) Sulfuro de oro (III)
76) Yoduro de estaño (IV)
77) Arseniuro de galio
78) Fosfuro de aluminio
79) Pentaóxido de diantimonio
80) Tetrafósforo
81) Azufre molecular
82) Peróxido de cinc
83) Fluoruro de silicio
84) Tetrafosfuro de tripaladio
85) Antimoniuro de cobre (II)
86) Monóxido de nitrógeno
87) Dicloruro de heptaoxígeno
88) Arseniuro de indio
89) Óxido de germanio
90) Óxido de teluro (II)
91) Hidruro de mercurio (II)
92) Pentaóxido de dibismuto
93) Dicloruro de platino
94) Hidróxido de antimonio (V)
95) Ácido sulfuroso
96) Ácido cloroso
97) Ácido iodhídrico

Soluciones:

65) $Na_2O$
66) $BeO$
67) $MnCl_6$
68) $CaO$
69) $SrO_2$
70) $BaH_2$
71) $Fe_2Se_3$
72) $Fe(OH)_2$
73) $ZnTe$
74) $Pd(OH)_2$
75) $Au_2S_3$
76) $SnI_4$
77) $GaAs$
78) $AlP$
79) $Sb_2O_5$
80) $P_4$
81) $S_8$
82) $ZnO_2$
83) $SiF_4$
84) $Pd_3P_4$
85) $Cu_3Sb_2$
86) $NO$
87) $O_7Cl_2$
88) $InAs$
89) $GeO_2$
90) $TeO$
91) $HgH_2$
92) $Bi_2O_5$
93) $PtCl_2$
94) $Sb(OH)_5$
95) $H_2SO_3$
96) $HClO_2$
97) $HI(ac)$

**NOMBRA:**

98) $FeO$
99) $MnO_2$
100) $CoS$
101) $Na_2O_2$
102) $Al_2S_3$
103) $Ba(OH)_2$
104) $CdBr_2$
105) $SnCl_2$
106) $Ni_3P_2$
107) $P_2O_3$
108) $CuCl$
109) $CrO_3$
110) $Br_2O_5$
111) $PbH_4$
112) $Ni(OH)_3$
113) $BiH_3$
114) $NaBr$
115) $K_3N$
116) $KI$
117) $SO_2$
118) $Ag_2Te$
119) $BaH_2$
120) $BaO$
121) $ZnS$
122) $Bi_2O_3$
123) $Cr_2O_3$
124) $Ag_2O_2$
125) $P_2O_5$
126) $AsCl_3$
127) $CO$
128) $CO_2$
129) $HIO$
130) $HBr$
131) $HBr(ac)$
132) $H_2TeO_3$

Soluciones:

98) Monóxido de hierro
99) Dióxido de manganeso
100) Sulfuro de cobalto
101) Dióxido de disodio
102) Trisulfuro de dialuminio
103) Dihidróxido de bario
104) Dibromuro de cadmio
105) Dicloruro de estaño
106) Difosfuro de triníquel
107) Trióxido de difósforo
108) Cloruro de cobre
109) Trióxido de cromo
110) Óxido de bromo (V)
111) Hidruro de plomo (IV)
112) Hidróxido de níquel (III)
113) Hidruro de bismuto (III)
114) Bromuro de sodio
115) Nitruro de potasio
116) Ioduro de potasio
117) Óxido de azufre (IV)
118) Telururo de plata
119) Hidruro de bario
120) Óxido de bario
121) Sulfuro de cinc
122) Óxido de bismuto (III)
123) Óxido de cromo (III)
124) Peróxido de plata
125) Óxido de fósforo (V)
126) Cloruro de arsénico (III)
127) Óxido de carbono (II)
128) Óxido de carbono (IV)
129) Ácido hipoyodoso
130) Bromuro de hidrógeno
131) Ácido bromhídrico
132) Ácido telúrico

# TEMA 9: CÁLCULOS QUÍMICOS

**Esquema**

1. El concepto de mol.
2. Fórmulas químicas.
3. Composición centesimal.
4. Disoluciones.
5. Gases.
6. Configuraciones electrónicas.
7. Estructuras de Lewis.
8. Familias de compuestos orgánicos.

## 1. El concepto de mol

Las sustancias están constituidas por moléculas y las moléculas por átomos. Una pequeña cantidad de cualquier sustancia contiene una enorme cantidad de átomos.

Ejemplo: 1 g de hierro tiene unos $10^{22}$ átomos de hierro.

Para no manejar números tan grandes, se utiliza el concepto de mol. Esto requiere, en primer lugar, hablar del número de Avogadro, $N_A$. El número de Avogadro, $N_A$, es un número que vale: $N_A = 6'022 \cdot 10^{23}$

Un mol se define como la cantidad de sustancia que contiene un número de Avogadro de partículas (átomos, moléculas, electrones, iones, etc).

Ejemplos:  1 mol de Fe contiene $6'022 \cdot 10^{23}$ átomos de Fe
  1 mol de $H_2$ contiene $6'022 \cdot 10^{23}$ moléculas de $H_2$
  1 mol de $H_2O$ contiene $6'022 \cdot 10^{23}$ moléculas de $H_2O$
  1 mol de electrones contiene $6'022 \cdot 10^{23}$ electrones

El número de moles y la masa están relacionados así:

$$n = \frac{m}{M}$$

Número de moles

siendo:  n: número de moles (moles)
  m: masa (g)
  M: masa atómica o masa molecular (g/mol)

Ejemplo: ¿cuántos moles hay en 40 g de $H_2O$?

$$M = 2 \cdot 1 + 1 \cdot 16 = 18 \ \frac{g}{mol} \quad ; \quad n = \frac{m}{M} = \frac{40 \, g}{18 \frac{g}{mol}} = 2'22 \text{ moles}$$

---

Ejercicio 1: ¿cuál es la masa de 5 moles de $Cu_2O$? Masas atómicas: Cu: 63'54, O: 16.
Solución: 715 g.

---

En Química, hay que tener soltura para transformar estas magnitudes entre sí:

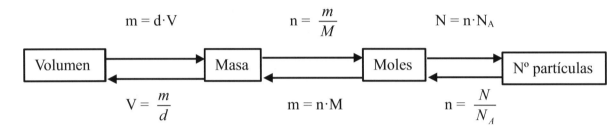

$$m = d \cdot V \qquad\qquad n = \frac{m}{M} \qquad\qquad N = n \cdot N_A$$

| Volumen | Masa | Moles | Nº partículas |

$$V = \frac{m}{d} \qquad\qquad m = n \cdot M \qquad\qquad n = \frac{N}{N_A}$$

siendo:

m: masa (g)
d: densidad (g/ml)
V: volumen (ml o $cm^3$)
n: número de moles
M: masa atómica o molecular (g/mol)
N: número de partículas (átomos, moléculas)
$N_A$ = número de Avogadro = $6'022 \cdot 10^{23}$

Ejemplo: sabiendo que la densidad del agua es 1 g/ml, calcula la masa, los moles y el número de moléculas que hay en 2 $cm^3$ de agua.

$$m = d \cdot V = 1 \ \frac{g}{ml} \cdot 2 \ ml = 2 \ g \quad ; \quad M = 2 \cdot 1 + 16 = 18 \ g/mol$$

$$n = \frac{m}{M} = \frac{2 \, g}{18 \frac{g}{mol}} = 0'111 \text{ mol}$$

$$N = n \cdot N_A = 0'111 \cdot 6'022 \cdot 10^{23} = 6'68 \cdot 10^{22} \text{ moléculas}$$

---

Ejercicio 2: si la densidad del alcohol es $0'79 \ g/cm^3$, calcula el número de moles, la masa y el volumen de $2'5 \cdot 10^{23}$ moléculas de alcohol ($C_2H_6O$). Solución: 0'415 mol, 19'1 g, 24'2 $cm^3$.

---

## 2. Fórmulas químicas

Las fórmulas son expresiones que dan información cualitativa y cuantitativa de las sustancias.

Información
$\begin{cases} \text{Cualitativa: indica qué elementos tiene.} \\ \\ \\ \text{Cuantitativa: indica cuánto tiene de cada elemento.} \end{cases}$

Ejemplo: la fórmula del agua, $H_2O$, nos dice que el agua tiene H y O y que tiene 2 átomos de H y 1 átomo de O.

Una fórmula puede leerse a nivel atómico-molecular y a nivel de moles.

Ejemplo:    1 molécula de $H_2O$ contiene 2 átomos de H y 1 átomo de O.
            1 mol de $H_2O$ contiene 2 moles de H y 1 mol de O.

A partir de una fórmula, se puede obtener el número de moles, de gramos, de átomos de cada elemento:

$$n_{elemento} = n_{compuesto} \cdot subíndice_{elemento}$$

Número de moles de cada elemento

siendo:

$n_{elemento}$ : número de moles del elemento
$n_{compuesto}$: número de moles del compuesto
$subíndice_{elemento}$: subíndice del elemento

A partir del número de moles se pueden calcular la masa y el número de átomos del elemento.

Ejemplo: si tenemos 50 g de $K_2O$, calcula el número de moles de cada elemento.
Masas atómicas: K: 39'1, O: 16.
Masa molecular: M = 39'1·2 + 16 = 94'2 g/mol.

Número de moles del compuesto: $n = \dfrac{m}{M} = \dfrac{50}{94'2} = 0'531$ mol

Número de moles de cada elemento:    $n_{elemento} = n_{compuesto} \cdot subíndice_{elemento}$
            K: 0'531·2 = 1'062 mol.
            O: 0'531·1 = 0'531 mol.

Ejercicio 3: tenemos 100 g de $Fe_2(SO_4)_3$. Calcula: a) El número de moles del compuesto. b) El número de moléculas. c) Los moles de cada elemento. d) La masa de cada elemento. e) El número de átomos de cada elemento. Fe: 55'85, S: 32, O: 16.
Solución: a) 0'25 mol. b) $1'51 \cdot 10^{23}$ moléculas. c) Fe: 0'5 mol, S: 0'75 mol, O: 3 mol.
d) Fe: 27'9 g, S: 24 g, O: 48 g. e) Fe: $3'01 \cdot 10^{23}$, S: $4'52 \cdot 10^{23}$, O: $1'81 \cdot 10^{24}$.

$$\text{Tipos de fórmulas} \begin{cases} \text{Empírica} \\ \text{Molecular} \\ \text{Semidesarrollada} \\ \text{Desarrollada} \\ \text{Estructural o tridimensional} \end{cases}$$

La fórmula empírica indica la proporción mínima de cada elemento en un compuesto.
La fórmula molecular indica la cantidad real de cada elemento en el compuesto.
La fórmula semidesarrollada indica los enlaces carbono – carbono.
La fórmula desarrollada indica todos los enlaces y todos los átomos que hay en la molécula.
La fórmula estructural o tridimensional representa la estructura tridimensional de la molécula con los átomos en sus posiciones exactas.

Ejemplo: estas son las fórmulas del ácido acético:

| Tipo de fórmula | Fórmula |
|---|---|
| Empírica | $CH_2O$ |
| Molecular | $C_2H_4O_2$ |
| Semidesarrollada | $CH_3 - COOH$ |
| Desarrollada | |

Ejercicio 4: averigua el resto de fórmulas:

126

# 3. Composición centesimal

La composición centesimal es el porcentaje de cada elemento o compuesto que hay en una determinada muestra. Puede ser:

$$\text{Composición centesimal} \begin{cases} \text{de sustancias puras} \\ \text{de mezclas} \end{cases}$$

a) De sustancias puras: indica el porcentaje de cada elemento en un compuesto.
Se calcula así para cada elemento:

$$\text{Porcentaje elemento X} = \frac{masa\ de\ X \cdot 100}{masa\ molecular} = \frac{subíndice\ de\ X \cdot masa\ atómica\ de\ X \cdot 100}{masa\ molecular}\ (\%)$$

Ejemplo: halla la composición centesimal del $Fe_2(SO_4)_3$.
Masas atómicas: Fe: 55'85, S: 32, O: 16.

$$M = 2 \cdot 55'85 + 3 \cdot 32 + 12 \cdot 16 = 399'7\ \frac{g}{mol}$$

Fe: $\dfrac{2 \cdot 55'85 \cdot 100}{399'7} = 27'9\ \%$ ; S: $\dfrac{3 \cdot 32 \cdot 100}{399'7} = 24\ \%$ ; O: $100 - 27'9 - 24 = 48'1\ \%$

---

Ejercicio 5: calcula la composición centesimal del $Cu_2Se$.
Masa atómicas: Cu: 63'55, Se: 78'96. Solución: Cu: 61'7 %, Se: 38'3 %.

---

b) De mezclas: indica el porcentaje de cada componente (elemento o compuesto) dentro de la mezcla.
Se calcula así para cada componente:

$$\text{Porcentaje de la sustancia X} = \frac{masa\ de\ X \cdot 100}{masa\ de\ la\ mezcla}\ (\%)$$

Ejemplo: un detergente de 2 kg tiene 85 % de detergente activo, 10 % de desodorante y 5 % de colorante. Calcula la masa que hay de cada componente.

Detergente: $m = \dfrac{2 \cdot 85}{100} = 1'7\ kg$ ; desodorante: $m = \dfrac{2 \cdot 10}{100} = 0'2\ kg$ ;

colorante: $m = 2 - 1'7 - 0'2 = 0'1\ kg$

---

Ejercicio 6: un abono nitrogenado contiene 70 % de urea, 20 % de $NH_4NO_3$ y el resto, impurezas. Calcula la masa de cada componente en un saco de 50 kg.
Solución: urea: 35 kg, $NH_4NO_3$: 10 kg, impurezas: 5 kg.

---

También es posible pasar de la composición centesimal a la fórmula del compuesto. Para ello:

- Dividimos el porcentaje de cada elemento por su correspondiente masa atómica.
- Dividimos cada uno de los números anteriores por el menor de ellos. Normalmente, al llegar a este paso, se obtienen números enteros. Si no es así, se pasa al paso 3.
- Se multiplican los números anteriores por un número natural hasta convertirlos todos en números naturales.

Ejemplo: averigua la fórmula empírica de un compuesto que contiene 11'1 % de hidrógeno y el resto, oxígeno.

$$\text{H:} \ \frac{11'1}{1} = 11'1 \left.\vphantom{\frac{11'1}{1}}\right\} \qquad \left\{\begin{array}{l} \frac{11'1}{5'56} \approx 2 \\[2ex] \frac{5'56}{5'56} = 1 \end{array}\right\} \Rightarrow \ H_2O$$

$$\text{O:} \ \frac{88'9}{16} = 5'56 \left.\vphantom{\frac{88'9}{16}}\right\}$$

---

Ejercicio 7: Un compuesto contiene 42'1 % de Na, 18'9 % de P y el resto, oxígeno. Averigua su fórmula empírica. Masas atómicas: Na: 23, P: 31, O: 16. Solución: $Na_3PO_4$.

---

## 4. Disoluciones

Una disolución es una mezcla homogénea a nivel molecular.

Ejemplos: agua + sal, aceite + gasolina.

Los componentes de una disolución son el soluto o los solutos y el disolvente. En nuestros problemas, el disolvente será siempre el agua. La concentración es una magnitud muy importante en Química. Existen varias formas de expresar la concentración de una disolución, pero todas son un cociente de esta forma:

$$\frac{cantidad\ de\ soluto}{cantidad\ de\ disolvente\ o\ de\ disolución}$$

a) Porcentaje en masa o tanto por ciento en masa o riqueza:

$$\text{Porcentaje en masa} = \frac{masa\,de\,soluto \cdot 100}{masa\,de\,disolución} \quad (\%)$$

$$\boxed{\text{Porcentaje} = \frac{m_s \cdot 100}{m_D} \quad (\%)}$$

Porcentaje en masa

siendo:      $m_s$: masa de soluto (g).
            $m_D$: masa de disolución (g).

Ejemplo: un mineral de $Fe_2O_3$ tiene una riqueza del 80 %. Calcula la masa de hierro puro que hay en 2 ton de mineral. Masas atómicas: Fe: 55'85, O: 16.
M = 2·55'85 + 3·16 = 159'7 g/mol

$$m_{Fe} = 2 \text{ ton mineral} \cdot \frac{1000\,kg\,mineral}{1\,ton\,mineral} \cdot \frac{80\,kg\,Fe_2O_3}{100\,kg\,mineral} \cdot \frac{2 \cdot 55'85\,kg\,Fe}{159'7\,kg\,Fe_2O_3} =$$

= 1120 kg Fe

Ejercicio 8: un recipiente de laboratorio contiene $H_2SO_4$ al 98 %. Calcula: a) La masa de $H_2SO_4$ puro que hay en 3 kg de disolución. b) La masa de disolución que hay que coger si necesitamos 20 g de ácido puro en un experimento. Solución: a) 2'94 kg. b) 20'4 g.

b) Porcentaje en volumen o tanto por ciento en volumen:

$$\text{Porcentaje en volumen} = \frac{volumen\,de\,soluto \cdot 100}{volumen\,de\,disolución} \quad (\%)$$

$$\text{Porcentaje en volumen} = \frac{V_s \cdot 100}{V_D} \quad (\% \text{ volumen o grados})$$

Los grados de una bebida alcohólica son lo mismo que el tanto por ciento en volumen.

Ejemplo:  calcula el volumen de alcohol en ml que hay en un litro de whisky de 40°.

$$V_s = \frac{Porcentaje\,en\,volumen \cdot V_D}{100} = \frac{40 \cdot 1}{100} = 0'4\,L = 400\,ml$$

> Ejercicio 9: calcula el volumen de alcohol en ml que hay en un vaso de 33 cl lleno de cerveza de 4'5°. Solución: 14'8 ml.

c) Masa por unidad de volumen:

$$\text{concentración} = \frac{masa\ de\ soluto}{volumen\ de\ disolución} \qquad \left(\frac{g}{L}, \frac{g}{ml}, \frac{g}{cm^3}\right)$$

$$c = \frac{m_s}{V_D}$$

Masa por unidad de volumen

Ejemplo: ¿Cuántos gramos de azúcar hay en 2 L de disolución de azúcar de 180 g/L?

$$m_s = c \cdot V_D = 2\ L \cdot 180\ \frac{g}{L} = 360\ g$$

> Ejercicio 10: calcula el volumen de disolución de concentración 1025 g/L que hay que tomar para tener 40 g del soluto. Solución: 39 ml.

d) Molaridad.

$$\text{Molaridad} = \frac{moles\ de\ soluto}{volumen\ de\ disolución\ en\ litros} \qquad \left(\frac{mol}{L} = M\ (molar)\right)$$

$$c_M = \frac{n_s}{V_D}$$

Molaridad

La fórmula anterior se utiliza frecuentemente junto con esta otra: $n = \dfrac{m}{M}$

Ejemplo: calcula la molaridad de una disolución que contiene 120 g de $H_2SO_4$ en 250 cm³ de disolución. Masas atómicas: H: 1, S: 32, O: 16.

$$M = 2 \cdot 1 + 32 + 16 \cdot 4 = 98\ g/mol$$

$$n = \frac{m}{M} = \frac{120}{98} = 1'22\ moles \quad ; \quad c_M = \frac{n_s}{V_D} = \frac{1'22}{0'25} = 4'88\ \frac{moles}{l} = 4'88\ M$$

> Ejercicio 11: calcula la molaridad de una disolución que contiene 20 g de NaCl en 5 L de disolución. Masas atómicas: Na: 23, Cl: 35'5. Solución: 0'0684 M.

## 5. Gases

Para hacer cálculos con gases, se utiliza la fórmula del gas ideal. Los gases ideales son aquellos cuyas moléculas no interaccionan unas con otras, es decir, no se atraen en absoluto. Los gases ideales no existen, los que existen son los gases reales, pero como la fórmula es muy sencilla, se utiliza mucho la fórmula del gas ideal.

$$\boxed{P \cdot V = n \cdot R \cdot T}$$

Fórmula del gas ideal o gas perfecto

siendo:

P: presión (atm)

V: volumen (L)

n: número de moles (moles)

R: constante universal de los gases $= 0´082 \dfrac{atm \cdot L}{mol \cdot K}$

T: temperatura (K)

Ejemplo: Calcula la presión que ejercen 30 g de oxígeno en un recipiente de 5 L y a 20 °C. El oxígeno es $O_2$ y su M = 32 g/mol.

$$n = \frac{m}{M} = \frac{30\,g}{32\dfrac{g}{mol}} = 0'937\ mol \quad ; \quad T_K = T_C + 273 = 20 + 273 = 293\ K$$

$$P = \frac{n \cdot R \cdot T}{V} = \frac{0'937 \cdot 0'082 \cdot 293}{5} = 4'50\ atm$$

---

Ejercicio 12: calcula cuántos moles de nitrógeno ($N_2$) hay en un recipiente de 2 litros a 780 mm Hg y – 50 °C. Solución: 0'112 mol.

---

Se dice que un gas está en condiciones normales cuando su presión es de 1 atm y su temperatura de 0 °C o 273 K.

$$\boxed{\begin{array}{l} P = 1\ atm \\[2mm] T = 0\ °C = 273\ K \end{array}}$$

Condiciones normales

---

Ejercicio 13: Utilizando la fórmula de los gases ideales, comprueba que 1 mol de cualquier gas ideal ocupa en condiciones normales 22'4 L.

---

Cuando un gas pasa de unas condiciones iniciales a unas condiciones finales, se usa esta expresión:

$$\frac{P_1 \cdot V_1}{T_1} = \frac{P_2 \cdot V_2}{T_2}$$

Procesos con gases

Ejemplo: 20 cm$^3$ de un gas a 30 °C y 2 atm se calientan hasta 50 °C y 3 atm. Calcula el volumen final.

$$P_1 \cdot V_1 \cdot T_2 = P_2 \cdot V_2 \cdot T_1 \quad \rightarrow \quad V_2 = \frac{P_1 \cdot V_1 \cdot T_2}{P_2 \cdot T_1} = \frac{2 \cdot 20 \cdot 323}{3 \cdot 303} = 14'2 \text{ cm}^3$$

Ejercicio 14: 30 L de aire a 10 °C se calientan a presión constante hasta 60 °C. Calcula el volumen final. Solución: 35'3 L.

## 6. Configuraciones electrónicas

La configuración electrónica de un elemento es la manera en la que se disponen los electrones en cada orbital para ese elemento. Un orbital es una zona del espacio donde es muy probable encontrar a un electrón. Hay cuatro tipos de orbitales:

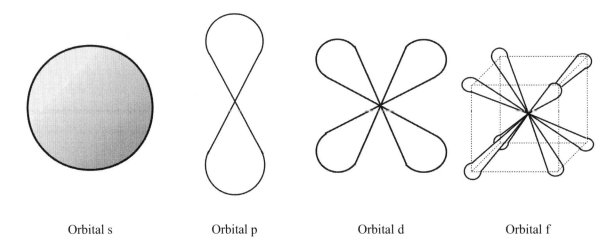

Orbital s          Orbital p          Orbital d          Orbital f

Este es el número máximo de electrones que pueden ocupar cada tipo de orbital:

| Tipo de orbital | Número máximo de electrones |
|:---:|:---:|
| s | 2 |
| p | 6 |
| d | 10 |
| f | 14 |

Un orbital se simboliza por un número y una letra. El número indica el nivel de energía y la letra el tipo de orbital.

Ejemplos: 1s, 3s, 4p, 5d, 6f

Ejemplos:

 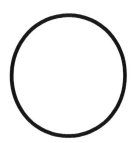

El orden de llenado de orbitales viene dado por esta regla:

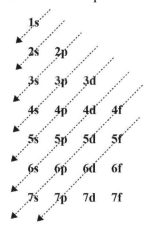

Diagrama de Möeller

Ejercicio 15: escribe en un renglón el orden de llenado de orbitales.

Ejemplo: las configuraciones electrónicas de los primeros elementos son:

| Elemento | Z (número atómico) | Configuración electrónica |
|----------|--------------------|----------------------------|
| H | 1 | $1s^1$ |
| He | 2 | $1s^2$ |
| Li | 3 | $1s^2 \ 2s^1$ |
| Be | 4 | $1s^2 \ 2s^2$ |
| B | 5 | $1s^2 \ 2s^2 \ 2p^1$ |
| C | 6 | $1s^2 \ 2s^2 \ 2p^2$ |

Ejercicio 16: escribe las configuraciones electrónicas de estos elementos:
O (Z = 8), Ba (Z = 56) y At (Z = 85).

## 7. Estructuras de Lewis

Son representaciones de las moléculas en las que aparecen los enlaces y los electrones de no enlace de cada elemento.

a) Estructura de Lewis de un átomo: es la misma que la del primer elemento del grupo correspondiente de la tabla periódica.

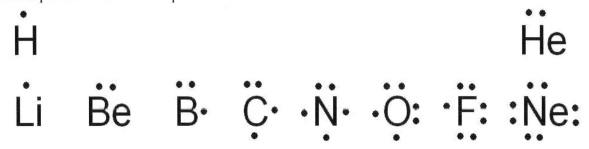

Estructuras de Lewis de los elementos del primer y segundo períodos

b) Estructura de Lewis de una molécula: se escribe el átomo central, se escriben los átomos de alrededor, se unen mediante enlaces y se indican los electrones de no enlace.

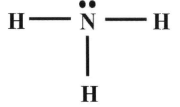

Estructura de Lewis del amoniaco

134

Ejercicio 17: dibuja las estructuras de Lewis de estas moléculas: $H_2O$ y $SO_3$

## 8. Familias de compuestos orgánicos

La Química Orgánica suele definirse como la Química del carbono, pero es más exacto definirla como la Química de los compuestos que tienen algún enlace $C - H$ y $C - C$.

En los compuestos orgánicos, la valencia del carbono es 4 y el enlace es covalente. Existen unos 300.000 compuestos inorgánicos y varios millones de compuestos orgánicos. Esto es debido a que el carbono puede unirse a otros átomos de carbono formando largas cadenas carbonadas.

Se llama grupo funcional a un átomo o grupo de átomos que le dan al compuesto ciertas propiedades características. Los compuestos se clasifican en Química Orgánica según el grupo funcional que tengan.

| Compuesto | Grupo funcional | Terminación del nombre |
|---|---|---|
| Hidrocarburo | $R - H$ | ano, eno, ino |
| Alcohol | $- OH$ | ol |
| Éter | $- O -$ | éter |
| Aldehido | $- CHO$ | al |
| Cetona | $- CO -$ | ona |
| Halogenuro de alquilo | $R - X$ | ...uro de ...ilo |
| Ácido (carboxílico) | $- COOH$ | oico |
| Amina | $- NH_2$ | amina |
| Amida | $- CONH_2$ | amida |

# PROBLEMAS DE CÁLCULOS QUÍMICOS

**Problemas**

Moles, gramos, volumen y moléculas

1) Disponemos de 378 g de $(NH_4)_2Cr_2O_7$. Calcula: a) El número de moles del compuesto. b) El número de moles de cada elemento. c) La masa de cada elemento. d) El número de moléculas del compuesto. e) El número de átomos de cada elemento.
N: 14, H: 1, Cr: 52, O: 16. Solución: a) 1'5 mol. b) N: 3, H: 12, Cr: 3, O: 10'5 mol. c) N: 42 g, H: 12 g, Cr: 156 g, O: 168 g. d) $9'03 \cdot 10^{23}$ moléculas. e) N: $1'81 \cdot 10^{24}$, H: $7'23 \cdot 10^{24}$, Cr: $1'81 \cdot 10^{24}$, O: $6'32 \cdot 10^{24}$ moléculas.

2) Una muestra de 150 g de oligisto $(Fe_2O_3)$ tiene un 25 % de impurezas. ¿Qué masa de hierro hay en ella? Masas atómicas: Fe: 55'85, O: 16. Solución: 78'7 g.

3) ¿Cuál es la masa en gramos de una molécula de nitrógeno? ¿Y de un átomo de hidrógeno? Masas atómicas: N: 14, H: 1. Solución: $4'65 \cdot 10^{-23}$ g, $1'66 \cdot 10^{-24}$ g.

4) La fórmula molecular del éter etílico es $C_4H_{10}O$ y su densidad 0'713 $g/cm^3$. Calcula la masa, los moles y las moléculas de 250 $cm^3$ de éter etílico.
Solución: 178 g, 2'41 mol, $1'45 \cdot 10^{24}$ moléculas.

5) Un mineral tiene un 60 % de $Al_2O_3$. Calcula la cantidad de aluminio que hay en una tonelada de mineral en: a) Moles. b) Gramos. c) Número de átomos.
Masas atómicas: Al: 27, O: 16. Solución: a) $1'18 \cdot 10^4$ mol. b) $3'18 \cdot 10^5$ g. c) $7'11 \cdot 10^{27}$ átomos.

6) Tenemos 80 g de $Fe_3(PO_4)_2$. Calcula: a) El número de moles del compuesto. b) El número de moléculas. c) El número de moles de cada elemento. d) La masa de cada elemento. e) El número de átomos de cada elemento. Masas atómicas: Fe: 55'85, P: 31, O: 16.
Solución: a) 0'224 mol. b) $1'35 \cdot 10^{23}$ moléculas. c) Fe: 0'672, P: 0'448, O: 1'79 mol.
d) Fe: 37'5 g, P: 13'9 g, O: 28'6 g. e) Fe: $4'05 \cdot 10^{23}$, P: $2'70 \cdot 10^{23}$, O: $1'08 \cdot 10^{24}$.

Fórmulas

7) En 1'07 g de un compuesto de cobre hay 0'36 g de este metal y 0'16 g de nitrógeno. El resto es oxígeno. Halla la fórmula del compuesto. Masas atómicas: Cu: 63'54, N: 14, O: 16.
Solución: $CuN_2O_6$.

8) Calcula la fórmula empírica de una sustancia que contiene 0'8 % de H, 36'5 % de Na, 24'6 % de P y 38'1 % de O. Masas atómicas: H: 1, Na: 23, P: 31, O: 16. Solución: $Na_2HPO_3$.

9) Determina todos los tipos de fórmula de un compuesto cuya fórmula desarrollada es:

Solución: fórmula molecular: $C_6H_{10}O_4N_2$, fórmula empírica: $C_3H_5O_2N$.

10) Un compuesto contiene: Sb: 25'4 %, Se: 41'2 % y O: 33'4 %. Averigua su fórmula molecular. Masas atómicas: Sb: 121'76, Se: 78'96 y O: 16. Solución: $Sb_2Se_5O_{20}$.

Composición centesimal

11) Calcula la composición centesimal del $Cd_3(PO_4)_2$. Cd: 112'41, P: 31, O: 16.
Solución: Cd: 64 %, P: 11'8 %, O: 24'2 %.

12) Calcula la composición centesimal del $Ni_2(CO_3)_3$. Ni: 58'69, C: 12, O: 16.
Solución: Ni: 39'5 %, 12'1 %, O: 48'4 %.

Disoluciones

13) Una disolución de $HClO_4$ al 40 % tiene una densidad de 1'2 $g/cm^3$. Calcula: a) Su molaridad. b) Su masa por unidad de volumen. Masas atómicas: H: 1, Cl: 35'5, O: 16.
Solución: a) 4'78 M. b) 480 g/L.

14) Una disolución de ácido sulfúrico tiene una densidad de 1'25 g/ml y una riqueza en masa del 28 %. Calcula su concentración en: a) Molaridad. b) Gramos por litro.
Masas atómicas: H: 1, S: 32, O: 16. Solución: a) 3'57 M. b) 350 g/L.

15) Un ácido sulfúrico ($H_2SO_4$) diluido tiene una concentración del 53 % y una densidad de 1'1 $g/cm^3$. a) ¿Qué volumen de disolución hay que tomar para tener 0'5 mol de ácido puro? b) ¿Cuántos gramos de ácido puro hay en 40 ml de disolución? H: 1, S: 32, O: 16.
Solución: a) 84 $cm^3$. b) 23'3 g.

16) Tenemos 40 g de sal (NaCl) y 80 g de agua. Si forman una disolución de densidad 1'12 g/ml, calcula todos los tipos de concentraciones. Na: 23, Cl: 35'5.
Solución: 33'3 %, 373 g/L, 25'2°, 6'38 M.

17) Tenemos una disolución 2 M de ácido sulfúrico y de densidad 1'3 kg/L. Calcula el resto de tipos de concentración. H: 1, S: 32, O: 16. Solución: 15'1 %, 196 g/L.

18) Necesitamos 50 g de $H_2SO_4$ puro. Si la disolución de la que disponemos es del 60 % y tiene una densidad de 1'3 kg/L, calcula el volumen que debemos tomar de la disolución. Solución: 64'1 cm³.

Gases

19) 625 mg de un gas desconocido ocupan un volumen de 175 cm³ en condiciones normales. ¿Cuál es la masa molecular del gas? Solución: 80 g/mol.

20) Se comprimen isotérmicamente 60 L de aire desde 1 atm hasta 5 atm. Calcula el volumen final. Solución: 12 L.

21) Averigua el volumen que ocupan 50 g de $O_2$ a − 30 °C y 2 atm. O: 16. Solución: 15'6 L.

22) Tenemos 20 L de un gas a 3 atm y 25 °C. Calcula el volumen final si la presión es 1 atm y 40 °C. Solución: 63 L.

Configuraciones electrónicas

23) Escribe la configuración electrónica normal y de gas noble de los átomos con Z igual a: a) 10. b) 30. c) 100.

Estructuras de Lewis

24) Escribe las estructuras de Lewis de: a) Rb. b) Al. c) As. d) Te. e) Ar.

25) Escribe las estructuras de Lewis de: $H_2O$, $BeCl_2$, $NH_3$, $CO_2$, $N_2$, $O_2$, $NH_4$, $SO_2$, $NCl_3$.

Miscelánea

26) En un recipiente de 5 L hay dioxígeno a 20 °C y 300 mm de Hg. Calcula el número de átomos que hay. Solución: $9'89 \cdot 10^{22}$ átomos.

27) 345 g de un compuesto gaseoso de fórmula empírica $C_2H_6O$ ocupan 40 L a 20 °C y 1'5 atm. Determina su fórmula molecular. C: 12, H: 1, O: 16. Solución: $C_6H_{18}O_3$.

28) ¿Qué sustancia es más rica en nitrógeno, el nitrato de sodio ($NaNO_3$) o el nitrato de potasio ($KNO_3$)? Masas atómicas: Na: 23, N: 14, O: 16, K: 39'1.
Solución: $NaNO_3$.

## Cuestiones

1) Define: mol, fórmula, fórmula empírica, fórmula molecular, fórmula desarrollada, fórmula semidesarrollada, fórmula estructural, riqueza, disolución, soluto, disolvente, molaridad, gas ideal, configuración electrónica, orbital, estructura de Lewis y grupo funcional.

2) ¿Qué tipo de información dan las fórmulas químicas?

3) Tipos de orbitales. Dibújalos.

4) Número máximo de electrones en cada tipo de orbital.

5) ¿Por qué existen muchos más compuestos orgánicos que inorgánicos si los compuestos orgánicos se forman con pocos elementos y los inorgánicos con más de cien?

6) Escribe las configuraciones electrónicas de estos elementos: K, Fe, Hg, Ga, Xe.

7) Dibuja las estructuras de Lewis de: $CO_2$, $O_2$, $N_2$, $CH_4$, $Cl_2$, $BCl_3$, $PI_3$, Mg, S.

# TEMA 10: REACCIONES QUÍMICAS

**Esquema**

1. Introducción
2. Ajuste de ecuaciones químicas
3. Leyes de las reacciones químicas
4. Estequiometría
5. Reacciones químicas de interés

## 1. Introducción

Las reacciones químicas pueden considerarse a dos niveles, macroscópico y microscópico. A nivel macroscópico, una reacción química consiste en la desaparición de unas sustancias puras (reactivos) y en la aparición de otras sustancias puras nuevas (productos). Cuando ocurre una reacción química, se dan uno o varios de estos fenómenos:

a) Cambio de temperatura: normalmente aumenta.

b) Cambio de color.

c) Aparición de un gas.(*).

d) Aparición de un precipitado: un precipitado es un sólido que se va al fondo del recipiente. (*).

e) Inflamación. (*).

f) Explosión. (*).

El asterisco (*) indica que, si ocurre ese fenómeno, es seguro que ha ocurrido una reacción química. Si no hay asterisco, es probable pero no seguro.

A nivel microscópico, una reacción química consiste en la rotura de unos enlaces y en la formación de otros nuevos. Lo que ocurre es que se rompen los enlaces en los reactivos, los átomos quedan libres durante breves instantes, los átomos se combinan con otros átomos, se forman nuevos enlaces y aparecen los productos.

Ejemplo: la formación del agua:

$$2 \ H_2 + O_2 \rightarrow 2 \ H_2O$$

$$
\begin{array}{lll}
H \curlyvee H & & H - O - H \\
& + O \curlyvee O \rightarrow & \\
H \curlywedge H & & H - O - H
\end{array}
$$

Una reacción química se puede leer a dos niveles: a nivel atómico-molecular y a nivel de moles.

Ejemplo:    $Zn + 2\,HCl \rightarrow ZnCl_2 + H_2$

A nivel atómico-molecular: 1 átomo de Zn reacciona con 2 moléculas de HCl para dar 1 molécula de $ZnCl_2$ y 1 molécula de $H_2$.

A nivel de moles: 1 mol de Zn reacciona con 2 moles de HCl para dar 1 mol de $ZnCl_2$ y 1 mol de $H_2$.

---

Ejercicio 1: lee la siguiente reacción a nivel atómico-molecular y a nivel de moles:
$$2\,NH_3 + 3\,CuO \rightarrow N_2 + 3\,Cu + 3\,H_2O$$

---

Los reactivos tienen una energía y los productos tienen otra. Esto se representa mediante un diagrama de energía de reacción:

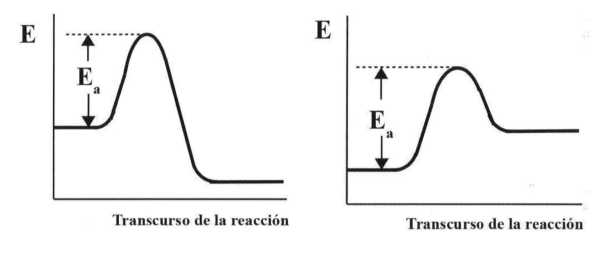

Reacción exotérmica                    Reacción endotérmica

Toda reacción tiene que superar una barrera energética que se llama energía de activación.

Las reacciones pueden ser:

a) Endotérmicas (si absorben calor) o exotérmicas (si desprenden calor).

b) Reversibles (si transcurren en los dos sentidos) o irreversibles (si transcurren en uno solo).

c) Rápida, moderada o lenta, dependiendo de la velocidad con la que desaparezcan los reactivos.

d) Posible (real) o imposible (teórica).

La velocidad de una reacción química depende de varios factores:
a) Concentración de los reactivos.
b) Grado de agitación de los reactivos.
c) Temperatura.
d) Grado de división de los reactivos.
e) Presencia de catalizadores: un catalizador es una sustancia que acelera la velocidad de una reacción química y después se obtiene con la misma composición inicial.

---

Ejercicio 2: ¿cómo es la velocidad de la reacción si: a) Disminuimos la temperatura. b) Utilizamos los reactivos en polvo en lugar de terrones?

---

Las sustancias químicas pueden tener carácter ácido, básico o neutro.

Ejemplo: el agua fuerte es un ácido, la sosa cáustica es una base y el cloruro de sodio tiene carácter neutro.

El pH es una magnitud que mide el grado de acidez o de basicidad de una disolución. El pH va de 0 a 14.

| Disolución | pH |
|---|---|
| Ácida | De 0 a 7 |
| Neutra | En torno a 7 |
| Básica | De 7 a 14 |

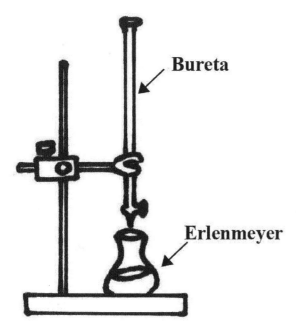

**Bureta**

**Erlenmeyer**

Una valoración ácido-base es un procedimiento experimental para determinar la concentración de una disolución de un ácido o de una base haciéndola reaccionar con una disolución de una base o de un ácido de concentración conocida. El material necesario para una valoración es: bureta, erlenmeyer, soporte de hierro, pinza para buretas, nuez, disolución problema, disolución de ácido o de base de concentración conocida e indicador ácido-base. Se hace reaccionar el ácido con la base dejando caer la disolución de la bureta en la disolución del erlenmeyer. Cuando el indicador ácido-base cambia de color, se cierra la llave, se anota el volumen y se aplica una fórmula para calcular la concentración desconocida.

## 2. Ajuste de ecuaciones químicas

Una ecuación química es la forma de escribir una reacción química. Ajustar una ecuación química consiste en averiguar los coeficientes (números) que van delante de cada sustancia. Estos números deben ser enteros y lo más pequeños posible.

Ejemplo:

$$H_2 + \frac{1}{2} O_2 \rightarrow H_2O \qquad \text{Incorrecto}$$

$$2 H_2 + O_2 \rightarrow 2 H_2O \qquad \text{Correcto}$$

Hay dos métodos de ajuste:
a) Por tanteo: consiste en hacerlo directamente. Conviene empezar por los elementos que aparecen en un solo compuesto en los reactivos y en un solo compuesto en los productos. Conviene continuar por un elemento que esté en el compuesto en el que acabamos de poner un número.

Ejemplo: ajusta por tanteo: $H_2 + O_2 \rightarrow H_2O$
El hidrógeno está ajustado, luego empezamos por el oxígeno: $H_2 + O_2 \rightarrow 2 H_2O$. Ahora hay 2 hidrógenos a la izquierda y 4 a la derecha, luego: $2 H_2 + O_2 \rightarrow 2 H_2O$ y ya está ajustada.

Ejercicio 3: ajusta estas ecuaciones químicas por tanteo:
a)      $N_2$ +    $H_2$ →    $NH_3$
b)      $H_2S$ +    $NaOH$ →    $Na_2S$ +    $H_2O$
c)      $P_4$ + $O_2$ →  $P_2O_5$
d)      $Al$ +  $HCl$ →  $AlCl_3$ + $H_2$

b) Por coeficientes: delante de cada sustancia se escribe una letra minúscula, se escribe una ecuación para cada elemento y se resuelve el sistema.

Ejemplo:                    $a\ FeS_2 + b\ O_2 → c\ SO_2 + d\ Fe_2O_3$

$$\left.\begin{array}{l} \text{Fe: } a = 2\,c \\[2mm] \text{S: } \quad 2\,a = d \\[4mm] \text{O: } \quad 2\,b = 3\,c + 2\,d \end{array}\right\} \rightarrow \left\{\begin{array}{l} a = 1 \\[1mm] b = \dfrac{11}{4} \\[2mm] c = \dfrac{1}{2} \\[2mm] d = 2 \end{array}\right\} \rightarrow \left\{\begin{array}{l} a = 4 \\[2mm] b = 11 \\[4mm] c = 2 \\[4mm] d = 8 \end{array}\right\}$$

Ejercicio 4: ajusta por coeficientes esta ecuación:
$HNO_3$ + $Hg$ + $HCl$  →   $HgCl_2$ + $NO$ + $H_2O$
Solución: 2, 3, 6, 3, 2, 4.

### 3. Leyes de las reacciones químicas

En las reacciones químicas se cumplen unas leyes, es decir, unos enunciados sacados de la experiencia y que se pueden reflejar en una fórmula. Son varias, pero sólo vamos a ver tres:

a) Ley de conservación de la masa (ley de Lavoisier): en una reacción química, la suma de las masas de los reactivos es igual a la suma de las masas de los productos.

$$\boxed{(m_T)_{\text{reactivos}} = (m_T)_{\text{productos}}}$$

Ley de conservación de la masa

Ejemplo:                    $2\ H_2$  +   $O_2$ →   $2\ H_2O$
                            4 g   +  32 g →   36 g
                            20 g  +  160 g →   180 g

Ejercicio 5: completa esta tabla referida a la reacción: $2 H_2 + O_2 \rightarrow 2 H_2O$

| masa de $H_2$ | masa de $O_2$ | masa de $H_2O$ |
|---|---|---|
| 1 g | 8 g | 9 g |
| 20 g | | 180 g |
| 100 g | 800 g | |

b) Ley de las proporciones definidas: las sustancias que participan en una reacción química lo hacen en una proporción constante, es decir, el cociente entre sus masas es constante.

$$\frac{m_{sustancia\ 1}}{m_{sustancia\ 2}} = \text{constante}$$

Ley de las proporciones definidas

Ejemplo: $2 H_2 + O_2 \rightarrow 2 H_2O$
El $H_2$, el $O_2$ y el $H_2O$ participan en la proporción 1:8:9, es decir, 1 g de $H_2$ por cada 8 g de $O_2$ y 1 g de $H_2O$.

Ejemplos:

$$2 H_2 + O_2 \rightarrow 2 H_2O$$
$$1 g + 8 g \rightarrow 9 g$$
$$2 g + 16 g \rightarrow 18 g$$
$$3 g + 24 g \rightarrow 27 g$$

Ejercicio 6: completa la siguiente tabla para esta reacción: $2 Al + 6 HCl \rightarrow 3 H_2 + 2 AlCl_3$

| Masa de Al | Masa de HCl | Masa de $H_2$ | Masa de $AlCl_3$ |
|---|---|---|---|
| 4 g | 16'2 g | 0'44 g | a |
| b | 12'1 g | c | d |

Solución: a = 19'76 g, b = 2'99 g, c = 0'329 g, d = 14'76 g

c) Ley de los volúmenes de combinación: en una reacción en la que intervienen gases, se cumple que los volúmenes de las sustancias gaseosas que participan en la reacción química guardan una relación de números enteros sencillos. Esos números enteros sencillos son los coeficientes de la ecuación química ajustada.

Ejemplo:

$$2\ H_2 + O_2 \rightarrow 2\ H_2O$$
$$2\ L\ + 1\ L \rightarrow\ \ 2\ L$$
$$6\ L\ + 3\ L \rightarrow\ \ 6\ L$$
$$1\ cm^3 + 0'5\ cm^3 \rightarrow 1\ cm^3$$

Obsérvese que el volumen no tiene por qué conservarse en una reacción química. Si se conserva es por casualidad.

---

Ejercicio 7: completa la siguiente tabla referida a la siguiente reacción:

$$2\ H_2\ (g)\ \ +\ \ O_2\ (g)\ \rightarrow\ \ 2\ H_2O\ (g)$$

| volumen de $H_2$ | volumen de $O_2$ | volumen de $H_2O$ |
|---|---|---|
| 2 L | 1 L | |
| | | 10 L |
| 40 L | | |

---

Ejercicio 8: completa la siguiente tabla referida a la siguiente reacción:

$$2\ H_2\ (g)\ + O_2\ (g)\ \rightarrow\ \ 2\ H_2O\ (l)$$

| volumen de $H_2$ | volumen de $O_2$ | volumen de $H_2O$ |
|---|---|---|
| 10 cm$^3$ | 5 cm$^3$ | |
| | | 20 cm$^3$ |
| 80 cm$^3$ | | |

---

## 4. Estequiometría

La estequiometría es el estudio de las relaciones entre las cantidades de las sustancias que intervienen en una reacción química.

Ejemplo: para esta reacción: $2\ H_2(g) + O_2(g) \rightarrow 2\ H_2O(g)$, la estequiometría nos dice que:
a) 2 moléculas de $H_2$ reaccionan con 1 molécula de $O_2$ para dar 2 moléculas de $H_2O$.
b) 2 moles de $H_2$ reaccionan con 1 mol de $O_2$ para dar 2 moles de $H_2O$.
c) 4 g de $H_2$ reaccionan con 32 g de $O_2$ para dar 36 g de $H_2O$.
d) 2 L de $H_2$ reaccionan con 1 L de $O_2$ para dar 2 L de $H_2O$.

Para hacer cálculos estequiométricos, hay que seguir estos pasos:
- Pasar la cantidad que nos den a moles.
- Relacionar los moles de la sustancia de la que nos dan datos con moles de la sustancia de la que nos piden algo.
- Transformar los moles en las unidades que nos pidan.

Todo ésto debe hacerse en un solo paso y con factores de conversión.

Ejemplo: sea esta reacción: $4 NH_3 + 5 O_2 \rightarrow 6 H_2O + 4 NO$
Si partimos de 20 g de $NH_3$, calcula: a) La masa de $H_2O$ que se obtiene. b) El número de moles de NO que se obtienen. c) El número de moléculas de $O_2$ que reaccionan. d) Los litros de NO que se obtienen en CN (condiciones normales). N: 14, H: 1, O: 16.

$$\text{Masa molecular del } NH_3 : \quad M = 14 + 3 = 17$$

$$\text{Número de moles de } NH_3: \quad n = \frac{m}{M} = \frac{20}{17} = 1'18 \text{ mol } NH_3$$

a) $m_{agua} = 1'18 \text{ mol } NH_3 \cdot \dfrac{6\, mol\, H_2O}{4\, mol\, NH_3} \cdot \dfrac{18\, g\, H_2O}{1\, mol\, H_2O} = 31'9 \text{ g } H_2O$

b) $n_{NO} = 1'18 \text{ mol } NH_3 \cdot \dfrac{4\, mol\, NO}{4\, mol\, NH_3} = 1'18 \text{ moles NO}$

c) $N_{O2} = 1'18 \text{ mol } NH_3 \cdot \dfrac{5\, mol\, O_2}{4\, mol\, NH_3} \cdot \dfrac{6'022 \cdot 10^{23}\, moléculas\, O_2}{1\, mol\, O_2} = 8'88 \cdot 10^{23} \text{ moléculas } O_2$

d) $V_{NO} = 1'18 \text{ mol } NH_3 \cdot \dfrac{4\, mol\, NO}{4\, mol\, NH_3} \cdot \dfrac{22'4\, L\, NO}{1\, mol\, NO} = 26'4 \text{ L NO}$

---

Ejercicio 9: sea esta reacción: $CH_4(g) + O_2(g) + Cl_2(g) \rightarrow HCl(g) + CO(g)$
en la que tenemos 30 g de $CH_4$. a) Ajústala. b) ¿Qué masa de $O_2$ reacciona? c) ¿Cuántos moles de HCl se obtienen? d) ¿Cuántos litros de CO se obtendrían en CN?
Masas atómicas: C: 12, H: 1, O: 16, Cl: 35'5.
Solución: b) 29'9 g $O_2$. c) 7'48 mol. d) 41'9 L.

---

## 5. Reacciones químicas de interés

a) Combustión: es la reacción rápida de algunas sustancias con el oxígeno y que produce mucho calor. Si el compuesto contiene C e H, se obtienen $CO_2$ y $H_2O$.

Ejemplos: gasolina $+ O_2 \rightarrow CO_2 + H_2O$ ; $CH_4 + 2\,O_2 \rightarrow CO_2 + 2\,H_2O$

b) Síntesis: es la obtención de un compuesto a partir de sus elementos constituyentes.

Ejemplos: $N_2 + 3\,H_2 \rightarrow 2\,NH_3$ ; $2\,H_2 + O_2 \rightarrow 2\,H_2O$

c) Neutralización: es la reacción entre un ácido y una base (hidróxido).

Reacción general: ácido $+$ base $\rightarrow$ sal $+$ agua

Ejemplo: $HCl + NaOH \rightarrow NaCl + H_2O$

d) Reacción de metales con ácidos.

Reacción general: metal $+$ ácido $\rightarrow$ sal $+$ hidrógeno

Ejemplo: $Zn + HCl \rightarrow ZnCl_2 + H_2$

e) Obtención de metales libres.

Reacción general: sulfuro $+$ oxígeno $\rightarrow SO_2 +$ metal

Ejemplo: $HgS + O_2 \rightarrow SO_2 + Hg$

Reacción general: óxido $+$ carbono $\rightarrow CO_2 +$ metal

Ejemplo: $SnO_2 + C \rightarrow CO_2 + Sn$

f) Ionización: es la obtención de los iones de un compuesto iónico al disolverlo en agua.

Reacción general: Compuesto iónico $+$ agua $\rightarrow$ catión $+$ anión

Ejemplos: $NaCl + H_2O \rightarrow Na^+ + Cl^-$ ; $Fe_2(SO_4)_3 + H_2O \rightarrow 2\,Fe^{3+} + 3\,SO_4^{2-}$

# PROBLEMAS DE REACCIONES QUÍMICAS

**Problemas**

Ajuste por tanteo

1) Ajusta las siguientes ecuaciones químicas por tanteo:
a) $ZnS + O_2 \rightarrow ZnO + SO_2$        b) $HCl + O_2 \rightarrow Cl_2 + H_2O$
c) $HCl + MnO_2 \rightarrow MnCl_2 + Cl_2 + H_2O$      d) $Na_2S_2O_3 + I_2 \rightarrow Na_2S_4O_6 + NaI$
e) $KNO_3 + C \rightarrow KNO_2 + CO_2$        f) $C_3H_8 + O_2 \rightarrow CO_2 + H_2O$

2) Ajusta por tanteo:
a) $NH_4NO_3 \rightarrow N_2O + H_2O$        b) $H_2S + O_2 \rightarrow SO_2 + H_2O$
c) $H_2S + H_2SO_3 \rightarrow S + H_2O$        d) $C_5H_{10} + O_2 \rightarrow CO_2 + H_2O$
e) $NH_3 + CuO \rightarrow N_2 + Cu + H_2O$      f) $MgO + H_3PO_4 \rightarrow Mg_3(PO_4)_2 + H_2O$

3) Ajusta por tanteo:
a) $Na_2SO_4 + C \rightarrow CO_2 + Na_2S$      b) $NH_3 + O_2 \rightarrow N_2 + H_2O$
c) $H_2S + SO_2 \rightarrow S + H_2O$        d) $H_3PO_4 + Mg(OH)_2 \rightarrow Mg_3(PO_4)_2 + H_2O$
e) $KClO \rightarrow KCl + KClO_3$        f) $Fe_2O_3 + HCl \rightarrow FeCl_3 + H_2O$

Ajuste por coeficientes

4) Ajusta las siguientes ecuaciones por coeficientes:
a) $HNO_3 + H_2S \rightarrow NO + S + H_2O$
b) $KMnO_4 + HCl \rightarrow MnCl_2 + KCl + Cl_2 + H_2O$
c) $KBrO_3 + SbCl_3 + HCl \rightarrow SbCl_5 + KBr + H_2O$
Solución: a) 2, 3, 2, 3, 4. b) 2, 16, 2, 2, 5, 8. c) 1, 3, 6, 3, 1, 3.

5) Ajusta por coeficientes:
a) $NH_3 + CuO \rightarrow N_2 + Cu + H_2O$
b) $HNO_3 + Hg + HCl \rightarrow HgCl_2 + NO + H_2O$
c) $K_2Cr_2O_7 + HI + H_2SO_4 \rightarrow K_2SO_4 + Cr_2(SO_4)_3 + I_2 + H_2O$
Solución: a) 2, 3, 1, 3, 3. b) 2, 3, 6, 3, 2, 4. c) 1, 6, 4, 1, 1, 3, 7.

6) Ajusta por coeficientes:
a) $HNO_3 + PbS \rightarrow PbSO_4 + NO_2 + H_2O$
b) $C_5H_{10} + O_2 \rightarrow CO_2 + H_2O$
Solución: a) 8, 1, 1, 8, 4. b) 2, 15, 10, 10.

Leyes de las reacciones químicas

7) Sea la siguiente reacción química: $2A + 5B \rightarrow 3C + 2D$
Utilizando las leyes de las reacciones químicas, completa esta tabla:

| $m_A$ | $m_B$ | $m_C$ | $m_D$ |
|-------|-------|-------|-------|
| 200 g | 150 g | 75 g | a |
| b | c | 100 g | d |

Solución: a = 275 g, b = 267 g, c = 200 g, d = 367 g.

8) Para esta reacción: $2A\,(g) + 5B\,(s) \rightarrow 3C\,(l) + 2D\,(g)$, completa esta tabla:

| Volumen de A | Volumen de B | Volumen de C | Volumen de D |
|--------------|--------------|--------------|--------------|
| 20 litros | a | b | c |
| d | 30 litros | e | f |
| g | h | i | 50 litros |

Solución: c = 20 L, g = 50 L.

9) Sea la siguiente reacción química: $2A + 3B + C \rightarrow 2D$
Utilizando las leyes de las reacciones químicas, completa esta tabla:

| $m_A$ | $m_B$ | $m_C$ | $m_D$ |
|-------|-------|-------|-------|
| 24 g | 31 g | 67 g | a |
| b | c | 84 g | d |

Solución: a = 122 g, b = 30'1 g, c = 38'9 g, d = 153 g.

Estequiometría

10) Sea la siguiente reacción:   $6 KI + KClO_3 + 3 H_2O \rightarrow 3 I_2 + KCl + 6 KOH$

Partimos de 150 g de $KClO_3$. Calcula: a) La masa de $H_2O$ que reacciona. b) El número de moléculas de KOH que se obtienen. c) El número de moles de KI que reaccionan. d) El volumen de $I_2$ que se obtiene en condiciones normales si el iodo es gaseoso.

Masas atómicas: K: 39'1, I: 126'9, Cl: 35'45, O: 16, H:1.

Solución: a) 65'9 g. b) $4'41 \cdot 10^{24}$ moléculas. c) 7'32 mol. d) 82 L.

11) Sea la siguiente reacción:   $3 Cu + 8 HNO_3 \rightarrow 3 Cu(NO_3)_2 + 2 NO + 4 H_2O$

Partimos de 83 g de $HNO_3$. Calcula: a) El número de átomos de Cu que reaccionan. b) La masa de $Cu(NO_3)_2$ que se obtiene. c) El número de moles de $H_2O$ que se obtienen. d) El volumen de NO gaseoso que se obtiene a 20 ºC y 570 mm Hg.

Masas atómicas: Cu: 53'84, H: 1, N: 14, O: 16.

Solución: a) $2'98 \cdot 10^{23}$ átomos. b) 88 g. c) 0'66 mol. d) 10'6 L.

12) Sea la siguiente reacción:

$2 KMnO_4 + 5 H_2O_2 + 6 HCl \rightarrow 2 MnCl_2 + 5 O_2 + 2 KCl + 8 H_2O$

Tenemos 500 g de $KMnO_4$. Calcula: a) La masa de $MnCl_2$ que se obtiene. b) Las moléculas de $H_2O_2$ que reaccionan. c) El número de moles de KCl que se obtienen. d) El volumen de $O_2$ que se obtiene a 60 ºC y 2´7 atm.

Masas atómicas: K: 39'1, Mn: 54'94, O: 16, H: 1, Cl: 35'45.

Solución: a) 398 g. b) $4'76 \cdot 10^{24}$ moléculas. c) 3'16 mol. d) 79'9 L.

13) Se queman 200 litros de metano ($CH_4$) en condiciones normales. a) Escribe la reacción ajustada. b) Calcula el volumen de oxígeno necesario. c) Calcula el volumen de aire necesario si el aire contiene un 21 % en volumen de oxígeno. d) El volumen de agua que se obtiene si se obtiene como vapor en condiciones normales. e) El volumen de agua que se obtiene si se obtiene líquida. Masas atómicas: C: 12, H: 1, O: 16.

Solución: b) 400 L. c) 1900 L. d) 400 L. e) 321 cm$^3$.

14) Dada esta reacción:  $Pb(NO_3)_2 + K_2CrO_4 \rightarrow PbCrO_4 + KNO_3$

a) Calcula los gramos de $KNO_3$ que se obtienen a partir de 50 g de $Pb(NO_3)_2$ puro. b) Calcula los gramos de $PbCrO_4$ que se obtienen a partir de 50 g de $Pb(NO_3)_2$ con una riqueza del 75 %. c) Calcula la masa de $Pb(NO_3)_2$ con una riqueza del 75 % necesarios si queremos obtener 40 g de $PbCrO_4$. Masas atómicas: Pb: 207'2, N: 14, O: 16, K: 39'1, Cr: 52.

Solución: a) 30'5 g. b) 36'6 g. c) 54'7 g.

**Cuestiones**

1) Define: reacción química, ecuación química, ajustar, estequiometría, combustión, síntesis y neutralización.

2) Pruebas de que ha ocurrido una reacción química.

3) ¿En qué consiste una reacción química a nivel microscópico? ¿Y a nivel macroscópico?

4) Escribe cómo se expresa esta reacción a nivel atómico-molecular y a nivel de moles:

$$2\ Al + 6\ HCl \ \rightarrow \ 2\ AlCl_3 + 3\ H_2$$

5) Tipos de reacciones químicas.

6) ¿De qué factores depende la velocidad de una reacción química?

7) Describe una valoración ácido-base.

8) Indica cuáles de las siguientes magnitudes se conservan en una reacción química:
a) Masa total.
b) Masa de cada elemento.
c) Moles totales de las sustancias.
d) Mol de cada elemento.
e) Número de moléculas totales.
f) Número de átomos de cada elemento.
g) Volumen total de las sustancias gaseosas.

9) Leyes de las reacciones químicas.

# TEMA 11: FORMULACIÓN Y NOMENCLATURA ORGÁNICAS

## Esquema

1. Introducción.
2. Alcanos.
3. Alquenos.
4. Alquinos.
5. Hidrocarburos cíclicos.
6. Hidrocarburos aromáticos.

## 1. Introducción

La Química Orgánica suele definirse como la Química del carbono, pero es más exacto definirla como la Química de los compuestos que tienen algún enlace C – H y C – C .

En los compuestos orgánicos, la valencia del carbono es 4 y el enlace es covalente. Existen unos 300.000 compuestos inorgánicos y varios millones de compuestos orgánicos. Esto es debido a que el carbono puede unirse a otros átomos de carbono formando largas cadenas carbonadas.

Se llama grupo funcional a un átomo o grupo de átomos que le dan al compuesto ciertas propiedades características. Los compuestos se clasifican en Química Orgánica según el grupo funcional que tengan:

| Compuesto | Grupo funcional | Terminación del nombre |
|---|---|---|
| Hidrocarburo | R – H | ano, eno, ino |
| Alcohol | – OH | ol |
| Éter | – O – | éter |
| Aldehido | – CHO | al |
| Cetona | – CO – | ona |
| Halogenuro de alquilo | R – X | ...uro de ...ilo |
| Ácido (carboxílico) | – COOH | oico |
| Amina | – $NH_2$ | amina |
| Amida | – $CONH_2$ | amida |

## 2. Alcanos

Los hidrocarburos son compuestos que tienen exclusivamente carbono e hidrógeno. Hay varios tipos: alcanos, alquenos, alquinos, hidrocarburos cíclicos e hidrocarburos aromáticos.

Las características de los distintos hidrocarburos son:

| Hidrocarburos | Característica |
|---|---|
| Alcanos | Tienen exclusivamente enlaces sencillos |
| Alquenos | Tienen algún doble enlace |
| Alquinos | Tienen algún triple enlace |
| Hidrocarburos cíclicos | La cadena carbonada está cerrada |
| Hidrocarburos aromáticos | Son derivados del benceno |

Los alcanos más sencillos son:

| Nombre del alcano | Fórmula |
|---|---|
| Metano | $CH_4$ |
| Etano | $CH_3 - CH_3$ |
| Propano | $CH_3 - CH_2 - CH_3$ |
| Butano | $CH_3 - CH_2 - CH_2 - CH_3$ |
| Pentano | $CH_3 - CH_2 - CH_2 - CH_2 - CH_3$ |
| Hexano | $CH_3 - CH_2 - CH_2 - CH_2 - CH_2 - CH_3$ |
| Heptano | $CH_3 - ( CH_2 )_5 - CH_3$ |
| Octano | $CH_3 - ( CH_2 )_6 - CH_3$ |
| Nonano | $CH_3 - ( CH_2 )_7 - CH_3$ |
| Decano | $CH_3 - ( CH_2 )_8 - CH_3$ |

Un radical es un hidrocarburo al que se le ha quitado un hidrógeno. Se nombran acabando en ilo.

Ejemplos:

| Nombre del radical | Fórmula |
|---|---|
| Metilo | $CH_3-$ |
| Etilo | $CH_3 - CH_2-$ |
| Propilo | $CH_3 - CH_2 - CH_2-$ |
| Butilo | $CH_3 - CH_2 - CH_2 - CH_2-$ |
| Isopropilo | $CH_3 - CH -$ <br> $\qquad \quad |$ <br> $\qquad \quad CH_3$ |

Los alcanos ramificados se nombran indicando la posición del radical mediante un número llamado el localizador.

Ejemplo:

$$CH_3 - CH - CH_2 - CH_2 - CH_3$$
$$|$$
$$CH_3$$

2-metilpentano

Ejercicio 1: nombra:
$$CH_3 - CH_2 - CH - CH - CH_3$$
$$\qquad\qquad\qquad | \quad\; |$$
$$\qquad\qquad\quad CH_3 \; CH_3$$

# 3. Alquenos

Son hidrocarburos con algún doble enlace. La posición del doble enlace se indica con un localizador, excepto en los términos inferiores de la serie.

Ejemplos:

$$CH_2 = CH - CH_3 \qquad\qquad CH_3 - CH = CH_2$$
propeno $\qquad\qquad\qquad\qquad$ propeno

Ejemplos:

$CH = CH_2 - CH_2 - CH_3$ $\qquad$ but-1-eno

$CH_3 - CH = CH - CH_3$ $\qquad$ but-2-eno

$CH_3 - CH_2 - CH = CH_2$ $\qquad$ but-1-eno

155

Ejercicio 2: nombra:

$$CH = CH - CH_2 - CH_2 - CH_3$$
$$CH_3 - CH = CH - CH_2 - CH_3$$
$$CH_3 - CH_2 - CH = CH - CH_3$$
$$CH_3 - CH_2 - CH_2 - CH = CH_2$$

Si tiene algún sustituyente (ramificación) hay que indicarlo:

Ejemplo:

$$CH_3 - CH - CH = CH_2$$
$$|$$
$$CH_3$$

3-metilbut-1-eno

La cadena se empieza a numerar siempre por el extremo más cercano al doble enlace.

Ejercicio 3: nombra:

$$CH_3$$
$$|$$
$$CH_2 = CH - CH - CH_2 - CH - CH_3$$
$$|$$
$$CH_2 - CH_3$$

## 4. Alquinos

Son hidrocarburos con algún triple enlace. Se siguen las mismas normas que con los alquenos, pero acabando en ino.

Ejemplos:

$$HC = CH$$         $$HC = C - CH_3$$         $$CH_3 \quad C \equiv CH$$
Etino o acetileno         Propino         Propino

Ejercicio 4: nombra:

$$HC \equiv C - CH_2 - CH_3$$

$$CH_3 - C \equiv C - CH_3$$

$$CH_3 - CH_2 - C \equiv CH$$

# 5. Hidrocarburos cíclicos

Son aquellos cuya cadena principal es cerrada. Hay tres tipos: cicloalcanos, cicloalquenos y cicloalquinos. Se nombran así: Ciclo(alcano o alqueno o alquino)

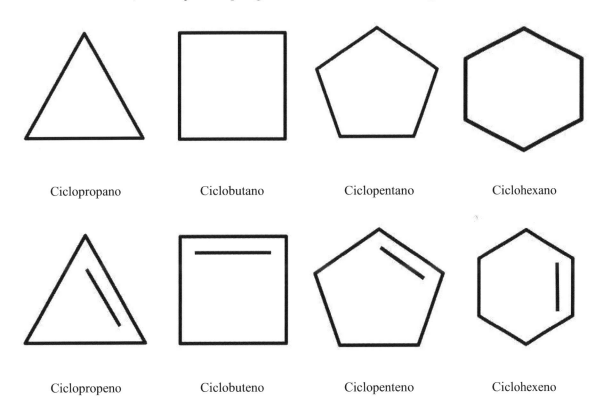

Normalmente, se dibujan los polígonos sin carbonos ni hidrógenos:

| Ciclopropano | Ciclobutano | Ciclopentano | Ciclohexano |

| Ciclopropeno | Ciclobuteno | Ciclopenteno | Ciclohexeno |

Si tienen sustituyentes, se nombra el radical y el nombre del hidrocarburo cíclico.

Ejemplos:

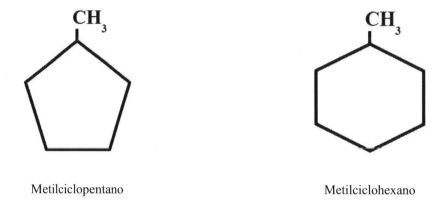

Metilciclopentano                    Metilciclohexano

Ejercicio 5: formula: 3-metilciclohexeno, 3-etil-4-metilciclopenteno, propilciclobutano.

## 6. Hidrocarburos aromáticos

Son aquellos que tienen dentro de su molécula a la molécula del benceno, que se representa así:

Benceno

Se nombran así: (radical) benceno.

Ejemplos:

Metilbenceno                          Etilbenceno

158

Si tienen más de un sustituyente, se indican con localizadores.

Ejemplos:

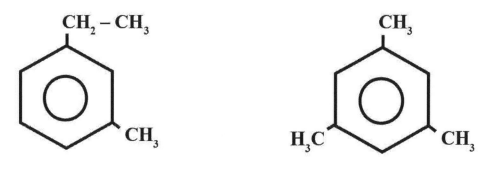

1-etil-3-metilbenceno                    1,3,5-trimetilbenceno

Si tienen dos sustituyentes, también se pueden indicar mediante los prefijos orto (o-), meta (m-) o para (p-).

Ejemplos:

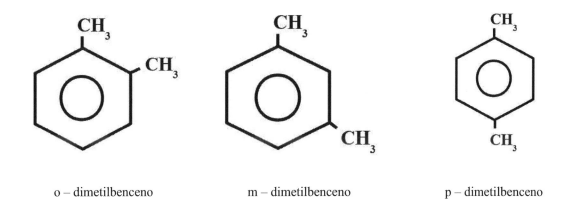

o – dimetilbenceno          m – dimetilbenceno          p – dimetilbenceno

Ejercicio 6: formula: m-etilmetilbenceno, 2-etil-1,4-dimetilbenceno

159

# PROBLEMAS DE FORMULACIÓN ORGÁNICA

Formula:

1) Pentano

2) Nonano

3) Metilpropano

4) 2,2,4-trimetilpentano

5) 3,4-dietil-2,5-dimetilheptano

6) Dimetilpropano

7) 3-etil-2,5-dimetilhexano

8) 3,3,4-trimetilpent-1-eno

9) 3-etil-2,4-dimetilpent-2-eno

10) 5-metilhex-3-in-1-eno

11) 3-metilbuta-1,2-dieno

12) Penta-1,3-diino

13) 4,4-dimetilhexa-1,2,5-trieno

14) 2-etil-5-metilhexa-1,3-dieno

15) Butatrieno

16) 2-metilpent-1-en-4-ino

17) Propilciclobutano

18) Etilciclohexano

19) 1,2,4-trimetilciclopentano

20) 3-metilciclopenteno

21) 4-metilcicloheptino

22) 1,3,4-trimetilbenceno

23) m-etilpropilbenceno

24) p-dimetilbenceno

25) 3,3,6-trietil-6-metiloctano

26) 1-etil-2-metilciclopentano

27) 1,1,3-trimetilciclobutano

28) 3-metilciclopenteno

29) o-butiletilbenceno

30) m-dipropilbenceno

Nombra:

a)

$$CH_3 - \overset{\overset{\displaystyle CH_3}{\displaystyle |}}{\underset{\underset{\displaystyle CH_3}{\displaystyle |}}{C}} - CH_2 - CH_3$$

b)

$$CH_3 - \overset{\overset{\displaystyle }{\displaystyle }}{\underset{\underset{\displaystyle CH_3}{\displaystyle |}}{CH}} - \overset{\overset{\displaystyle }{\displaystyle }}{\underset{\underset{\displaystyle CH_3}{\displaystyle |}}{CH}} - \overset{\overset{\displaystyle }{\displaystyle }}{\underset{\underset{\displaystyle CH_3}{\displaystyle |}}{CH}} - CH_3$$

c)

$$CH \equiv C - \underset{\underset{\displaystyle CH_3}{\displaystyle |}}{CH} - CH_3$$

d)

$$CH_2 = CH - CH_2 - \underset{\underset{\displaystyle CH_3}{\displaystyle |}}{CH} - C \equiv CH$$

e)

$$CH_2 = CH - CH = CH - \underset{\underset{\displaystyle CH_3}{\displaystyle |}}{CH} - CH_3$$

f)

$$CH \equiv C - C \equiv C - C \equiv C - CH_3$$

g)

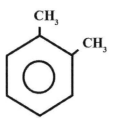

h)

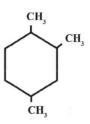

i)

j)

161

k)

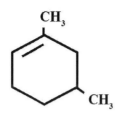

l)

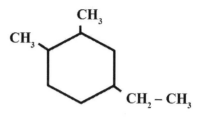

m)

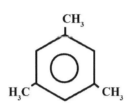

n)

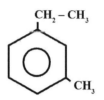

## APÉNDICES

### Guion de prácticas de laboratorio

Una práctica de laboratorio debe tener las siguientes partes:

* **Título**: corto y en mayúsculas. Ejemplo: **EL PÉNDULO**.

* **Objetivo**: qué se persigue con la práctica. Ejemplo: medir el valor de g, la aceleración de la gravedad.

* **Fundamento teórico**: explicación breve del fenómeno físico o químico que está ocurriendo en la práctica.

Ejemplo: un péndulo es un sistema físico consistente en un hilo atado por un extremo a una masa y por el otro a un punto fijo. La masa oscila de un lado a otro de la posición inicial, llamada posición de equilibrio.

* **Materiales**: lista de materiales utilizados.

* **Procedimiento**: breve descripción de cómo se ha llevado a cabo la práctica.

Ejemplo:

   a) Se desplaza la masa un breve ángulo de la posición de equilibrio.

   b) Se suelta la masa y se pone en funcionamiento el cronómetro.

   c) Se mide el tiempo necesario para que la bola haga 20 oscilaciones.

   d) Se repite varias veces el experimento.

* **Resultados**: presentación de los resultados en forma de medidas, tablas, gráficas, fórmulas y cálculos.

## Prácticas recomendadas de Física

1) El péndulo: cálculo de la aceleración de la gravedad, g.

2) El plano inclinado: cálculo del coeficiente de rozamiento, $\mu$.

3) Cálculo de densidades. Utilización del nonius y la balanza.

4) Manejo del polímetro: comprobación de la ley de Ohm.

5) Magnetismo: fabricación de electroimán, desviación de aguja de brújula en circuito, atracción de limaduras de hierro, visualización de líneas de fuerza, péndulo electromagnético, bobinas que se atraen o se repelen, inducción electromagnética.

6) Caída libre: cálculo de la aceleración de la gravedad, g.

7) Campana de vacío: globo y despertador.

8) Calorímetro: medida de calores específicos.

9) Ley de Hooke.

10) Empuje: peso aparente y flotabilidad.

11) Comprobación de la suma vectorial.

12) La palanca: comprobación de la ley de la palanca.

13) Determinación de centros de gravedad.

14) Cálculo del coeficiente de rozamiento, $\mu$, con un dinamómetro.

15) Conservación de la cantidad de movimiento: monedas, bolas.

16) Electrostática: péndulo electrostático, papelitos, etc.

17) Dilatación: bola que pasa o no por un agujero.

18) Óptica: lentes, prisma, gafas con celofán

19) Diablillo de Descartes, flotabilidad.

20) Calentar agua en un globo o en un vaso de papel.

21) Sublimación del yodo o del alcanfor.

22) Separación de sustancias: decantación, cristalización, cromatografía, extracción, separación magnética, etc.

23) Cristalización del $CuSO_4$, $MgSO_4$ (agujas), etc.

24) Empuje y peso aparente.

## Prácticas recomendadas de Química

1) Electrolisis del agua.
2) Construcción de una pila: pila electroquímica, pila de limón.
3) Preparación de disoluciones.
4) Volumetrías.
5) Indicadores ácido-base y pHmetro.
6) Determinación del almidón en alimentos con yodo.
7) Determinación de azúcares con licor de Fehling.
8) Reacciones químicas:
- Vinagrc + bicarbonato con globo. Puede hacerse en una botella.
- Mentos + Coca-Cola
- Huevo + vinagre
- Cola + bórax
- Coca-Cola + hidróxido de calcio
- Reloj de iodo: $NaHSO_3$ + $KIO_3$ , almidón.
- Agua oxigenada concentrada + ioduro de potasio + detergente
- Silicato de sodio + etanol = bola elástica
- Leche + vinagre = caseína (pegamento)
- Hidróxido de calcio + aliento
- Slime = cola + detergente
- Fabricación de un perfume por maceración
- Huellas en cartulina con yodo sublimado
- Reacciones rédox:
Oxidantes: $MnO_2$, $KMnO_4$, $K_2Cr_2O_7$, $HNO_3$, $KNO_3$
Reductores: Zn, Cu, Fe, Sn, S
- Cambio de color de algunas sustancias al deshidratarlas: $CuSO_4$ , $CoCl_2$
- Tinta invisible: jugo de limón + calor, KSCN + $FeCl_3$ , almidón + yodo
- Obtención de un polímero: hexano-1,6-diamina + cloruro de sebacoílo en ciclohexano
- Electrodeposición del cobre
- Agua oxigenada concentrada + KI
- Agua oxigenada concentrada + $KMnO_4$ en bolsita de té = gas blanco saliendo de la botella.

Experimentos recomendados sólo para el profesor por su peligrosidad:

- Cinc + ácido clorhídrico con globo. El globo se puede explotar en condiciones controladas.
- Ácido nítrico + cobre = gas pardo ($NO_2$).
- Ácido sulfúrico + azúcar = carbón
- Azúcar + bicarbonato + alcohol = serpientes negras

**Valencias más comunes**

# METALES

Li, Na, K, Rb, Cs, Fr: 1

Be, Mg, Ca, Sr, Ba, Ra: 2

Cr: 2, 3, 6

Mn: 2, 3, 4, 6, 7

Fe, Co, Ni: 2, 3

Pd, Pt: 2, 4

Cu: 1, 2

Ag: 1

Au: 1, 3

Zn, Cd: 2

Hg: 1, 2

Al, Ga, In: 3

Tl: 1, 3

Sn, Pb: 2, 4

Bi: 3, 5

## SEMIMETALES O METALOIDES

B: 3

Si, Ge: 4

As, Sb: 3, 5

Te, Po: 2, 4, 6

# NO METALES

H: 1

N: 1, 2, 3, 4, 5

P: 3, 5

O: 2

S, Se: 2, 4, 6

F: 1

Cl, Br, I: 1, 3, 5, 7

C: 2, 4

# NÚMEROS DE OXIDACIÓN

| | 1 | 2 | 3 | 4 | 5 | 6 | 7 | 8 | 9 | 10 | 11 | 12 | 13 | 14 | 15 | 16 | 17 | 18 |
|---|---|---|---|---|---|---|---|---|---|---|---|---|---|---|---|---|---|---|
| | H $+1,-1$ | | | | | | | | | | | | | | | | | He $-$ |
| | Li $+1$ | Be $+2$ | | | | | | | | | | | B $+3,-3$ | C $+2,+4,-4$ | N $+1,+2,+3,+4,+5,-3$ | O $-1,-2$ | F $-1$ | Ne $-$ |
| | Na $+1$ | Mg $+2$ | | | | | | | | | | | Al $+3$ | Si $+2,+4,-4$ | P $+3,+5,-3$ | S $+2,+4,+6,-2$ | Cl $+1,+3,+5,+7,-1$ | Ar $-$ |
| | K $+1$ | Ca $+2$ | Sc $+3$ | Ti $+2,+3,+4$ | V $+2,+3,+4,+5$ | Cr $+2,+3,+6$ | Mn $+2,+3,+4,+6,+7$ | Fe $+2,+3$ | Co $+2,+3$ | Ni $+2,+3$ | Cu $+1,+2$ | Zn $+2$ | Ga $+3$ | Ge $+2,+4$ | As $+3,+5,-3$ | Se $+2,+4,+6,-2$ | Br $+1,+3,+5,+7,-1$ | Kr $-$ |
| | Rb $+1$ | Sr $+2$ | Y $+3$ | Zr $+3,+4$ | Nb $+2,+3,+4,+5$ | Mo $+2,+3,+4,+5,+6$ | Tc $+4,+5,+6,+7$ | Ru $+2,+3,+4,+5,+6,+7$ | Rh $+2,+3,+4,+5,+6$ | Pd $+2,+4$ | Ag $+1$ | Cd $+2$ | In $+3$ | Sn $+2,+4$ | Sb $+3,+5,-3$ | Te $+2,+4,+6,-2$ | I $+1,+3,+5,+7,-1$ | Xe $-$ |
| | Cs $+1$ | Ba $+2$ | La $+3$ | Hf $+3,+4$ | Ta $+3,+4,+5$ | W $+2,+3,+4,+5,+6$ | Re $+2,+3,+4,+6,+7$ | Os $+2,+3,+4,+5,+6,+7,+8$ | Ir $+2,+3,+4,+5,+6$ | Pt $+2,+4$ | Au $+1,+3$ | Hg $+1,+2$ | Tl $+1,+3$ | Pb $+2,+4$ | Bi $+3,+5$ | Po $+2,+4,+6,-2$ | At $+1,+5,-1$ | Rn $-$ |
| | Fr $+1$ | Ra $+2$ | Ac $+3$ | | | | | | | | | | | | | | | |

167

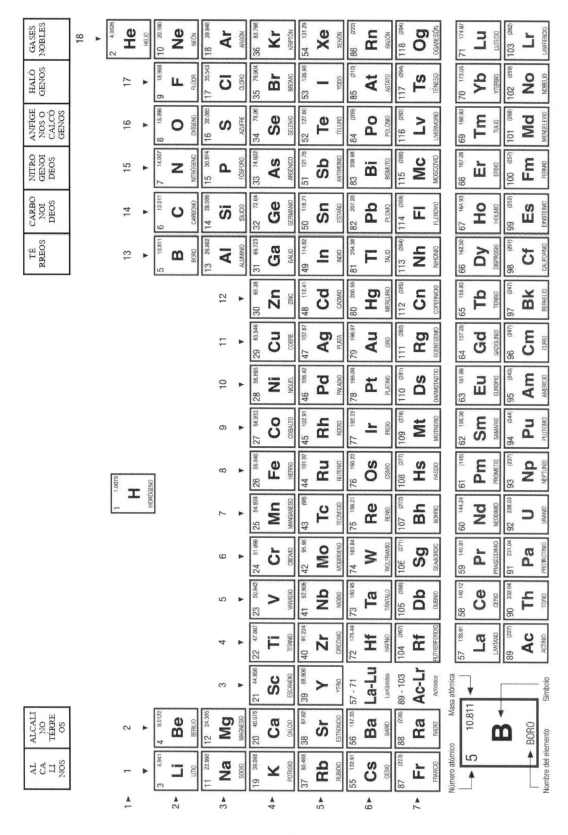

Printed in Great Britain
by Amazon

66663371R00097